普通高等教育教材

环境工程专业
实习指导书

王茂仁　张海兵　沈　蓉　主编

化学工业出版社

·北京·

内 容 简 介

《环境工程专业实习指导书》主要介绍了典型石油、石化、煤化工等实习企业的"三废"处理技术，包括：含油、含盐等典型工业废水和生活废水处理，SO_2、NO_x、VOCs 等废气处理，一般工业固废和危险废物水泥窑协同、焚烧、填埋和含油污泥资源化处理。本书力求理论联系实际，实践融入理论，通过工艺与设备相关示意图和实物照片，了解不同处理技术特点及适用场景，并列举了必要的讨论和考核内容。

本书可作为高等院校环境工程及相关专业本科生的实习实践教材，也可供环境工程技术人员参考。

图书在版编目（CIP）数据

环境工程专业实习指导书 / 王茂仁，张海兵，沈蓉主编. -- 北京 ：化学工业出版社，2025. 5. -- (普通高等教育教材). -- ISBN 978-7-122-47816-0

Ⅰ. X5

中国国家版本馆 CIP 数据核字第 202561Z9L5 号

责任编辑：王海燕 　　　　　　　　　　　文字编辑：刘　莎　师明远

责任校对：李露洁 　　　　　　　　　　　装帧设计：关　飞

出版发行：化学工业出版社（北京市东城区青年湖南街 13 号　邮政编码 100011）

印　　装：北京天宇星印刷厂

787mm×1092mm　1/16　印张 13¾　字数 331 千字

2025 年 7 月北京第 1 版第 1 次印刷

购书咨询：010-64518888 　　　　　　　　售后服务：010-64518899

网　　址：http：//www.cip.com.cn

凡购买本书，如有缺损质量问题，本社销售中心负责调换。

定　　价：45.00 元 　　　　　　　　　　　　　　　版权所有　违者必究

前言

　　环境工程专业是高等院校一门综合性强、实践能力要求高的工科专业，要求学生不仅具有扎实的理论基础，还需具有很强的发现和解决复杂环境工程问题的能力。

　　本书主要侧重石油开采、炼制以及化工和煤化工企业"三废"处理工艺及设备介绍，适用于环境工程专业学生认识实习、生产实习和毕业实习三个不同的实习阶段。按不同的企业及其生产工艺特点，侧重学习环境工程相关工艺及装置，兼顾企业"三废"管理完整性学习。实习企业/场所包括原油集输与污水处理联合站、石油炼制企业、含油污泥处置企业、氯碱化工企业、煤化工企业、化工园区污水处理厂、市政污水厂、综合危险废物处置企业。实习内容包括"三废"污染控制工程和核心共用工艺、装置，结合图形、照片和结构原理介绍，以及含油污泥、含油污水、高含盐废水、煤化工废水、VOCs等典型污染物现有处置技术扩展，丰富学生的实习内容。

　　本书适用于高等院校环境工程专业本科生、研究生现场实习指导，尤其适用于基础化工、石油化工、煤化工等培养方向的环境工程专业学生，亦可供专业技术人员参考。

　　本教材由中国石油大学（北京）王茂仁、张海兵、沈蓉任主编，中国石油大学（北京）张寿通、林韦翰、翟亚威和王慧琴参与编写。其中，第1、3、8章由王茂仁编写，第2章由张海兵编写，第4章由张寿通编写，第5章由林韦翰编写，第6章由沈蓉编写，第7章由翟亚威编写，第2、4、5章中废气污染防治部分由王慧琴编写。

　　本教材在编制过程中得到了克拉玛依顺通环保科技有限责任公司、克拉玛依广盛水处理技术有限公司、克拉玛依沃森环保科技有限公司等的支持和帮助，在此表示感谢。中国石油大学（北京）阎光绪教授审核了教材内容并给予了很多宝贵的意见，中国石油大学（北京）克拉玛依校区赵小龙、宋畅、施家琦、焦延松、王帅、邵月梅、陈小凤、孙媛媛、赵安洋等同学参与了本教材的完善工作，在此一并表示衷心的感谢。

　　由于编者水平有限，书中难免存在不足之处，欢迎广大读者不吝指正，以便我们及时修改完善，更好地满足教学的需要。

编者

2024年12月

目录

第6章 化工园区污水处理厂实习 / 146

第7章 市政污水厂实习 / 167

第8章 综合危险废物处置企业实习 / 176

绪 论

1. 环境工程专业实习的意义和目的

环境科学与工程类专业是 20 世纪 70 年代以来，随着环境问题的凸显和演变，在自然科学、工程科学和人文社会科学等的基础上，发展起来的新兴的综合性交叉学科专业，具有问题导向性、综合交叉性和社会应用性三个基本特征。环境科学与工程类专业的主要任务是研究环境演化规律，揭示人类活动和自然生态系统的相互作用关系，探索人类与环境和谐共处的途径和方法；研究控制环境污染、保护环境与自然资源的基本理论、技术、工程、规划和管理方法，是保护生态环境，实现社会、经济、环境、资源协调发展的主干专业。

环境保护是我国的基本国策，可持续发展和生态文明建设是我国的发展战略。"聚焦建设美丽中国，加快经济社会发展全面绿色转型，健全生态环境治理体系，推进生态优先、节约集约、绿色低碳发展，促进人与自然和谐共生"是进一步全面深化改革总目标的重要方面。世界各国工业发展的历程及经验教训也显示，只有切实走新型工业化道路，坚持节约发展、清洁发展、安全发展，国家工业特别是重化工业才能同时取得经济效益和社会效益，实现人与自然的和谐、可持续发展。

我国快速发展过程中生态环境问题的特殊性和解决环境问题的紧迫性，形成了对环境科学与工程类专业人才的巨大需求。2020 年 2 月 21 日，教育部颁布《普通高等学校本科专业目录（2020 年版）》，明确环境工程专业为工学门类专业，知识领域的核心知识单元主要包括水污染控制工程、大气污染控制工程和固体废物处理与处置等，要求实践类课程和教学环节占总学分的比例不低于 20%。环境工程专业实习是专业理论与实际工程应用相结合的重要实践性教学环节，是训练学生综合技能及培养学生创新意识的重要手段。

环境工程专业实习是综合性较强的必修实践课程，在实习实践过程中，回顾和巩固课堂理论知识，旨在培养人才：

① 掌握"三废"（废水、废气与固废）治理基础理论、基本知识。

② 了解当前环境保护的方针、政策和制度，了解"三废"治理企业现状和产业发展动态。

③ 具有辨识主要环节问题、分析实际环境问题和解决复杂环境问题的基本能力；具有较强的总结、提炼、归纳能力，一定的系统思维和批评性思维能力以及创新精神、创业意识、创新创业能力、实践能力和专业素养。

④ 具有较强的自主学习、书面和口语表达、交流沟通和组织协调能力以及团队合作精神。

⑤ 具有生态环境意识和安全意识，具备理论联系实际、服务于实践、解决实际环境问题能力。

⑥ 通过实习基地"三废"治理和管理实践及效果，建立标准意识、职业伦理、法律观念和强烈的社会责任感。

2. 本教材包含的内容及编写思路

在"多煤、少油、缺气"的资源禀赋条件下，经过多年的发展，我国已形成"石油化工为主体、煤化工多元化补充"的格局。石油石化行业是国民经济的重要支柱产业之一，我国石油化工市场规模庞大，且呈现出稳步增长的趋势，未来石油化工行业将朝着高端化、绿色化、智能化的方向发展，需要进一步加强环保治理和安全生产，推动行业的可持续发展。煤化工通过煤制乙二醇、煤制烯烃等工艺，可以实现煤炭资源的高效利用和清洁转化，市场规模和增长率将继续保持较高水平，未来将更加突出"生态优先，绿色发展"的理念，形成节约资源和保护环境的产业结构和生产方式。

秉持"面向重大需求，立足科学前沿，加强基础研究，引领行业技术"的指导思想，着重培养石油石化、化工及煤化工行业环保人才，兼顾环境工程一般行业需求。基于此，本教材编写内容依次为石油开采与炼制（原油集输与污水处理、石油炼制企业"三废"处理、含油污泥处理）、氯碱化工企业"三废"处理、煤化工企业"三废"处理、化工园区和市政污水处理、综合危险废物处置。

本教材注重实习企业"三废"治理工程和管理的完整性和系统性，实习企业/场所包括：原油集输与污水处理联合站、石油炼制企业、含油污泥处置企业、氯碱化工企业、煤化工企业、石化园区污水处理厂、市政污水厂、综合危险废物处置企业。适用于环境工程专业学生认识实习、生产实习、毕业实习三个专业实习阶段，结合学生基础和专业课程开展进度，分别对应侧重指导学习。根据不同阶段的实习目的、知识背景和实习场地，提出不同的考核要求和实习重点，更有利于学生循序渐进学习和掌握，达到实习的目标。

（1）水污染防治技术

水体污染的通用水质指标包括三大类：物理性指标，如温度、色度、浊度、臭味、悬浮物等；化学性指标，如生物需氧量（BOD）、化学需氧量（COD）、总需氧量（TOD）、总有机碳（TOC）、油类、酚类、重金属、pH 等；生物性指标，如细菌总数、总大肠菌群等。按处理方法的原理可划分为物理处理法、化学处理法、物理化学处理法和生物处理法四类（见表 0-1 至表 0-3）。

表 0-1　常见水的物理处理法

处理方法	主要原理	主要去除对象
沉淀	重力沉淀作用	相对密度大于 1 的颗粒
离心分离	离心沉降作用	相对密度大于 1 的颗粒
气浮	浮力作用	相对密度小于 1 的颗粒
过滤（砂滤等）	物理阻截作用	悬浮物
过滤（筛网过滤）	物理阻截作用	粗大颗粒、悬浮物

处理方法	主要原理	主要去除对象
反渗透	渗透压	无机盐
膜分离（微滤、钠滤、超滤）	物理阻截作用等	较大分子污染物
蒸发浓缩	蒸发性差异	非挥发性污染物

表 0-2　常见水的（物理）化学处理法

处理方法	主要原理	主要去除对象
中和法	酸碱反应	废酸、废碱
化学沉淀法	沉淀反应、固液分离	悬浮物等无机物
氧化法	氧化反应	高 COD/BOD 污染物
还原法	还原反应	氧化性污染物
电解法	电解反应	电絮凝、电氧化等
超临界分离法	热分解、氧化还原等	几乎所有的有机污染
汽提法、吹脱法、萃取法	污染物在不同相间的分配	有机污染物
吸附法	界面吸附	可吸附物（活性炭）
离子交换法	离子交换	离子性污染物
电渗析法	离子迁移	无机盐
混凝法	电中和、吸附架桥作用	胶体、大分子污染物

表 0-3　常见水的生物处理法

处理方法		主要原理	主要去除对象
好氧处理法	活性污泥法	生物吸附、生物降解	可生物降解性有机污染物，还原性无机污染物（NH_4^+等）
	生物膜法		
	流化床法		
厌氧处理法	厌氧硝化池		可生物降解性有机污染物，无机污染物（NO_3^-、SO_4^{2-}等）
	厌氧接触法		
	厌氧生物滤池		
	高效厌氧反应器		
厌氧-好氧联合工艺		生物吸附、生物降解、硝化-反硝化、生物摄取与排出	氮（硝化-反硝化）、磷
生态技术	生态塘	生物吸附+生物降解	有机污染物、氮、磷
	土地渗滤	生物降解、土壤吸附	有机污染物、氮、磷、重金属
	湿地系统	生物降解、生物吸附、植物吸附	

（2）大气污染防治技术

按照相态分，空气中的污染物可分为颗粒/气溶胶态和气态污染物，如粉尘（$PM_{2.5}$、PM_{10}）、烟、飞灰、雾等。而气态污染物又可以分为无机污染物和挥发性有机物（VOCs）等，其中无机污染物包括硫化物（SO_2、H_2S）、碳的氧化物（CO、CO_2）、氮化物（NO、NH_3）、卤素化合物（HCl、HF）等。大气污染主要处理方法见表 0-4。

表 0-4　常见大气污染处理方法

处理方法	主要原理	主要去除对象
机械除尘	重力沉降、离心沉降	颗粒/气溶胶污染物
过滤除尘	物理滞留	颗粒/气溶胶污染物
静电除尘	静电沉降	颗粒/气溶胶污染物
湿式除尘	惯性碰撞、洗涤	颗粒/气溶胶污染物
物料吸附法	物理吸附	气态污染物
化学吸收法	化学吸附、吸收反应	气态污染物
吸附法	界面吸附	气态污染物
催化氧化法	催化还原	气态污染物
生物法	生物降解	可将降解性有机物、还原态无机物
燃烧法	燃烧反应	有机污染物

（3）工业固体废物处置与资源化

《中华人民共和国固体废物污染环境防治法》将固体废物划分为工业固体废物、生活垃圾、建筑垃圾、农业固体废物和其他固体废物，其中具有毒性、腐蚀性、反应性和感染性等一种或者几种危险特性的工业固体废物，以及不能排除具有危险特性，可能对生态环境或者人体健康造成危害影响，需要按照危险废物进行管理的工业固体废物列入《国家危险废物名录》。本教材主要涉及含油污泥、气化灰渣等工业固体废物处理及危险废物综合处置。常见处理方法见表 0-5。

表 0-5　常见工业固体废物处理方法

处理方法		利用的主要原理	主要去除对象
隔离法（安全填埋）		物理隔离	所有污染物
清洁法（萃取法）		溶剂作用	溶解性污染物
吹脱法（通气法）		挥发作用	挥发性污染物
热处理法		物理脱附	有机污染物
电化学法		电场作用	离子或急性污染物
焚烧法		燃烧反应	有机污染物
微生物净化法		生物降解	可降解性污染物
植物净化法		植物钝化、挥发、吸收/固定	重金属、有机污染物
固化/稳定化法		固化与隔离作用	重金属等污染物
脱水/干燥		离心、过滤、干燥	含水量高的污染物
水泥窑协同法		高温分解、稀释等	有机污染物
化学反应法	氧化还原	氧化还原反应	氧化还原性废渣（铬等）
	中和	中和反应	酸性、碱性废渣

3. 实习要求

（1）实习讨论

在实习期间，学生须每日记录并复习所学知识及心得体会。在此过程中，学生将进行交流与探讨，相互补充见解。指导老师将根据实习中学习与接触的内容，深入讲解相关理论，并拓展相关知识领域。

此外，结合实习期间具体情况，教师可进行进一步补充说明。通过将实习中见到的设备、了解的流程与课本理论知识相结合，进行详细阐述，教师与学生共同讨论，相互交流。

这一过程将使学生对环境污染的类型及其治理有更全面、更深入的理解与感悟。同时，也会使学生对当前环境污染处理所面临的技术问题有所认识，激发了思考。这不仅有助于学生大致确定未来的研究方向或就业方向，而且可加深学生对本专业的理解，明确个人发展规划。

（2）实习汇报

考核方式为学生以 2～3 人一组的形式，就实习期间所学习到的某一印象深刻的单元或设备进行学习成果汇报。汇报内容主要包括对单元或设备的原理、理论阐述以及流程和功能的说明，每位报告者限时 5～8min。评分标准将涵盖 PPT 制作质量、讲解者的语言逻辑能力以及对工艺流程的理解程度。此外，课外对其他工艺和设备的深入了解将视为加分项。汇报结束后，教师将对两位同学进行提问，根据汇报内容及答疑表现进行打分。

该评估方式采用小组汇报的形式，旨在培养学生的团队合作精神和沟通协调技巧。要求学生就实习期间印象深刻的单元或设备进行详细汇报，这有助于他们深入理解并掌握环境工程专业的相关知识，同时也鼓励学生对所学内容进行深思熟虑和总结归纳。此评价体系不仅可检验学生对专业知识的掌握情况，还能锻炼他们的表达和逻辑思维能力。将学生对其他工艺和设备的深入了解作为加分项，可激励学生在课外时间主动学习和探索，激发学生的学习热情，同时拓展他们的知识领域，培养自主学习的能力。这种互动和反馈机制能够促进学生对所学知识的深入理解，同时也为教师提供了评估学生学习情况的机会，以便及时给予指导和反馈。

（3）实习报告

实习期间，学生应实时记录实习过程，学会将课堂上所学的理论知识与实际工作相结合。在导师的悉心指导与技术人员的专业讲解下，实习记录能够让学生们对污水处理的各个阶段有更加深刻的认识。实习经历将对学生的职业生涯产生积极的促进作用，并对未来学习与职业发展的方向有更为明确的规划，为他们在环境工程领域成长为专业人才打下坚实的基础。

实习能够为学生们提供深入了解"三废"处理工艺复杂性与挑战性的宝贵机会，学生们不仅能够了解污水处理的基本程序，而且能对各类处理单元的功能及其相互作用有形象化的认知。通过对实际运转中的设备及设施的观察，学生们能够获得关于废水、固废、废气处理过程的直观理解。此外，在实习过程中，学生们可以学习如何操作相关简单的处理设备、如何处理突发情况，以及如何确保处理过程的人身安全。实习能够提升学生的专业技能，增强团队合作精神和社会责任感，提升相应的创新能力，让他们深刻地认识到，实际操作与理论知识的结合是环境工程专业学习的重要方式；意识到环境保护的重要性，在今后的学习和工作中，持续关注环境工程领域的新技术和新方法。

最后，实习也能够提升学生的专业认同感，让他们察觉到机遇之所在。随着国家对环境保护重视程度的提升及投入的加大，环境工程专业的发展前景显得尤为宽广。在此领域内，学生有望在"三废"治理、水资源管理、环境监测等多个方向寻求职业机会，为改善环境质量、促进可持续发展贡献力量，为构建一个更加美丽、和谐、清洁的家园而不懈努力。

第1章

原油集输与污水处理联合站实习

石油工业中，往往油气田勘探、开发、集输与储运称为产业链上游，石油炼制与化工等称为产业链下游。油田宏观开发一般需要经过勘探、发现、探井、油藏工程、油气钻井、一次采油、二次采油（注水）、三次采油、废弃等历程。采油过程中，需要把分散的原油集中处理使之达到进入炼油厂标准的产品，并负责原油的对外输送，此工作环节称为原油集输（或油气集输）。

1.1 原油集输一般流程

1.1.1 原油集输流程简介

单井采油产生的油、气、水或其混合产物经管道（设有计量仪表，根据需要设立增压泵站等）多相混输至联合处理站，在联合站气液分离后，液相经原油脱水实现原油和水分离，原油稳定后输送至原油库或炼油厂，污水经处理后进入回注站回注或达标外排；气相经净化后，轻烃回收，干气输送至销售端。典型原油集输流程见图1-1。

在油藏内，原油和水中含有大量溶解性盐类，如硫酸盐、碳酸盐、氯化物（氯化钾、氯化钠、氯化镁、氯化钙）等。在油田开采初期，原油中含水很少或基本上不含水，这些盐类主要以固体结晶形态悬浮于原油中，进入中、高含水开采期时则主要溶解于水中。对原油进行脱水、脱盐、脱除泥沙等机械杂质处理（典型原油脱水器见图1-2），达到原油输出标准。该工艺过程称为原油处理（或原油脱水）。

（1）原油脱水的主要目的

① 满足对商品原油水含量、盐含量的行业或国家标准。我国要求商品原油水含量小于0.5%～

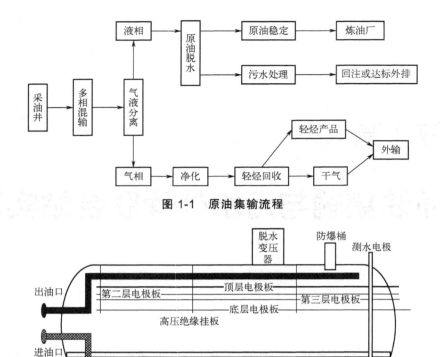

图 1-1　原油集输流程

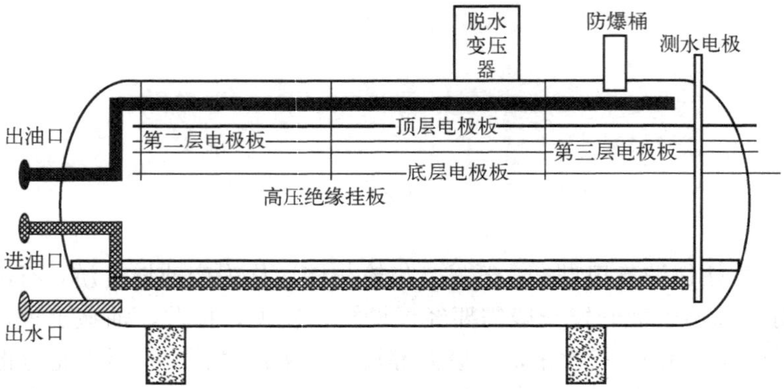

图 1-2　典型电脱水器示意图

2.0%，国际上要求在 0.1%～3.0% 范围内，多数为 0.2%。原油允许水含量和原油密度有关，密度大脱水难度高的原油，允许水含量略高。

② 降低原油生产成本。从井口到矿场油库，原油在收集、矿场加工、储存过程中，不时需要加热升温，原油含水增大了燃料消耗、占用了部分集油、加热、加工资源，增加了原油生产成本，因此，应尽早与原油分离。

③ 降低原油黏度和管输费用。经验表明，相对密度为 0.876 的原油，含水量增加 1%，黏度常增大 2%；对于相对密度为 0.966 的原油，黏度则增大 4% 左右。

原油中所含的盐类和机械杂质大部分溶解或悬浮于水中，原油的脱水过程实际上也是降低原油盐含量和悬浮机械杂质的过程。而且原油含水量还会影响下游石油炼化过程。

（2）原油稳定

原油稳定的内容包括：降低原油蒸气压，满足原油储存、管输、铁路、公路和水运的安全和环境规定；从原油中分出对人体有害的溶解杂质气体。降低原油蒸发损耗、保证原油储存下的安全性是原油稳定的主要目的。

（3）净化采出水的回注与排放

污水主要来源于油水分离后的污水、注水井反冲洗产生的污水等。注水井回注的目的是保持油藏的压力，提高原油的产量。回注水中多包含有洗油功能的表面活性剂、抑制黏土水化膨胀的防膨剂等油田助剂。不同的油藏条件对回注水的悬浮物、含油率、细菌等参数要求不一样。

净化采出水主要是通过破稳、絮凝、过滤等污水处理方法，使污水达到回注或排放标准的过程。

1.1.2　稀油集输站典型工艺流程

稀油集输站典型工艺流程如图 1-3 所示，具体包含以下处理单元：

（1）油水分离及污水处理

采出的原油和水统称为系统来液，进入集输站的原油在重力沉降罐内静止沉降，上部分离的原油送至储油罐，中部分离的油水混合物进入反应缓冲罐，添加药剂后进入反应罐，反应罐中二次分离的油进入污油罐，剩余的液体进入斜板沉降罐，去除大量的固相杂质后的含油污水进入过滤缓冲罐，然后通过双滤料过滤器，经净化罐中电解盐杀菌后，达标的水泵送至注水系统。

（2）排泥及减量化

重力沉降罐、反应罐、斜板沉降罐等罐底沉积物排放至沉降池，沉降池上部的液体进入回收水池，底部的含油污泥经调质罐加药后，使用叠螺机、离心机等固液分离装置，分离的液相进入回收水池，固相作为含油污泥交第三方有危险废物经营资质的企业处理。回收水池中的液相返回重力沉降罐，固相排入沉降池。

（3）其他

遇集输站检修等特殊情况时，系统来液或某一个工作单元的液相可直接排入站外事故池，待正常后，事故池上部油水泵回重力沉降罐，底部含油污泥进入沉降池。

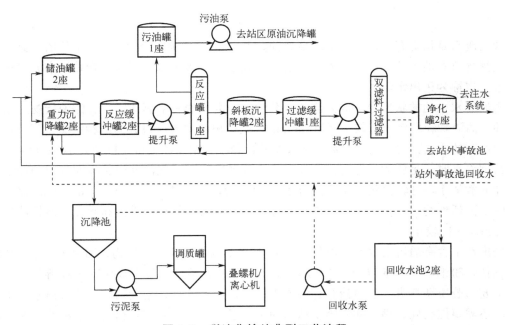

图 1-3　稀油集输站典型工艺流程

1.1.3　稠油集输站典型工艺流程

稠油集输站典型流程（图 1-4）与稀油较为相似，主要区别在于，稠油的黏度与温度有密切关系，稠油的开采和集输过程中，常常使用电加热、热水驱、蒸汽吞吐、蒸汽辅助重力泄油（SAGD）等加热工艺，达到降低稠油黏度的目的。因此，稠油集输站的系统来液温度都较高，各单元的运行温度也相对较高，处理后的污水需要软化处理，再返回锅炉继续转化为蒸气。

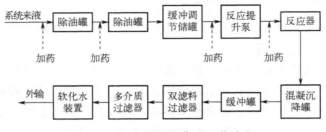

图 1-4 稠油集输站典型工艺流程

原油处理系统来水加入一段反相破乳剂后进入除油罐，除油后加入二段反相破乳剂进入除油罐，进一步除油后进入缓冲调节储罐，之后加入 1#药剂经反应提升泵后进入反应器，加入 2#、3#药剂进行反应，之后进入混凝沉降罐进行沉降，上清液进入缓冲罐，经过滤提升泵后进入双滤料过滤器，再经多介质过滤器过滤后，进入软化水装置软化外输。

1.2 采出水常用处理工艺简介

含油废水是指含有石油组分或动植物油、脂肪等油类物质的污水，对于水体的污染来说，主要是指含有石油组分的废水。本章中的含油废水主要聚焦原油开采联合站油水分离后产生的废水，也称为采出水。

含油废水中油的状态通常分为浮油、分散油、乳化油和溶解油四种。浮油指易从水中分离的油，油滴颗粒粒径一般较大（>100μm），是采出水中占比最大的一种状态，可以通过静止重力沉降的方式，实现油水分离。分散油是指悬浮于水中的油滴（粒径为 10～100μm），当原油密度不高时，足够的静置时间可以转化为浮油状态。乳化油是一种界面稳定的油水小颗粒粒径分散体系，呈乳化状态（粒径为 0.1～10μm），不容易油水分离，原油及地层水中含有天然的表面活性物质，采出水中容易形成乳状油，是污水处理的重点和难点。溶解油粒径小于 0.1μm，占比较小。

采出水常含有的污染物有悬浮物（SS）、原油、溶解物质、有机物、细菌等。悬浮物包括黏土颗粒、粉细砂及各种粒径为 1～100μm 的颗粒物；溶解物质主要包括各种溶解盐类；有机物主要为胶质沥青类、重质油和各种油田助剂，如破乳剂、絮凝剂等。若采出水用于生产蒸汽，还需要控制硅、钙、镁等容易结垢的阳离子，外排需要符合相关排放标准，对化学需氧量（COD）、生物需氧量（BOD）、氨氮等都有进一步的要求。联合站内含油废水处理的主要目的是最大限度回收原油，废水资源化用于回注，因此，工艺多侧重于油、水、固三相分离，包含水质的净化（除油、除悬浮物等）和稳定处理（防腐、防结垢等）。

1.2.1 油田采出水常用处理技术

油田采出水常用的处理技术包括重力沉降技术、水力旋流分离技术、气浮分离技术、过滤技术、膜分离技术等。

1.2.1.1 重力沉降技术

重力沉降技术主要是采用调储罐（或沉降罐、除油罐）等装置，利用采出水中油、水及其他杂质的密度差在重力作用下沉降分离的一种方法，一般油水密度差大于 0.05g/cm³ 为宜。该方法具有运行成本低、处理规模大等优点。在一定范围内，静止时间越长，油水分离效果越好，但是单位时间的处理规模变小。为了提高效率，设备上增加斜板等方式提高油水分离效果。除调储罐等设备外，当前还有横向流除油器、波纹板聚结油水分离器、聚集型油水分离器、纹板除油器、立式除油罐和斜板式隔油池等。

固体颗粒在滞留区，视颗粒为自由沉降运动，沉降速度可以用斯托克斯（Stokes）公式表示：

$$u_t = \frac{d_p^2(\rho_p - \rho)g}{18\mu} \tag{1-1}$$

艾伦（Allen）和牛顿（Neton）公式分别可以计算自由沉降过程中的过渡区和湍流区的沉降速度：

$$u_t = 0.27\sqrt{\frac{d_p(\rho_p - \rho)g}{\rho}Re^{0.6}} \tag{1-2}$$

$$u_t = 1.74\sqrt{\frac{d_p(\rho_p - \rho)g}{\rho}} \tag{1-3}$$

式中，u_t 表示颗粒沉降速度，m/s；d_p 表示颗粒的直径，cm；ρ_p 表示颗粒的密度，g/cm³；ρ 表示流体的密度，g/cm³；μ 表示流体的黏度，Pa·s；Re 表示颗粒雷诺数，无量纲；g 表示重力加速度，m/s²。

由式（1-1）至式（1-3）可知，颗粒的沉降速度（或重力沉降的静止时间与效果）与运动状态、颗粒粒径、颗粒密度与流体密度差、流体的黏度等因素密切相关，也受颗粒形状、浓度的影响。

1.2.1.2 水力旋流分离技术

水力旋流是一种利用离心力分离流体的方法，其工作原理如图 1-5 所示，流体进入旋流室后高速旋转，流体中不同的组分因密度差而产生不同的离心作用力，形成一个旋流区域，固相颗粒因离心力大被甩到旋流器的外壁，倾向于静止并沉降下来，随着时间推移和累积下滑到旋流器底部，密度小的流体在旋流器中心形成旋涡，被推送到出口，实现了分离和迁移。该方法具有体积小、处理速度快等优点，能去除 2～3μm 油滴，含

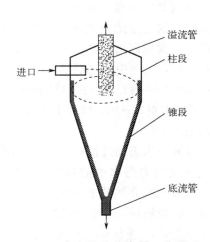

图 1-5　水力旋流分离器工作原理

油量 200～5000mg/L 的含油污水处理后可降低至 5～40mg/L，目前有微涡旋絮凝反应、三级旋流絮凝反应等工艺技术和设备。

1.2.1.3 气浮分离技术

浮选一般分为混合、絮凝、气浮三个阶段。气浮是一种利用气泡吸附和浮力作用原理，将油和悬浮物与污水分离的技术。浮选效果的好坏关键在于絮凝剂和浮选剂。加浮选剂能够提高浮选效果，浮选剂一方面具有破乳起泡作用，另一方面还有吸附架桥作用，可使胶体粒子聚集随气泡一起上浮。

根据热力学定律，气泡和颗粒的附着过程（图 1-6）是向该体系界面能减小的方向自发地进行，附着后的总界面能小于附着前。在气浮设备方面，可通过减小气泡尺寸（约小到 1μm）和减缓气泡的浮升速度，大大提高除油效率。

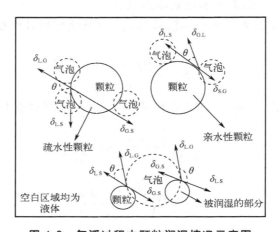

图 1-6　气浮过程中颗粒润湿情况示意图

θ—接触角；$\delta_{L.S}$—液、固表面张力；$\delta_{G.S}$—气、固表面张力；$\delta_{L.G}$—液、固表面张力

1.2.1.4 过滤技术

过滤是利用重力或外力作用造成压差，使污水中的颗粒在通过过滤介质时，滞留在过滤介质的表面或孔隙中，实现固液分离的一种技术。过滤介质也称为多孔介质，工业中常用织物（棉、毛、丝、麻等）、多孔固体介质（陶瓷、多孔塑料或金属等）、堆积固体介质（砂、木炭、石棉、硅藻土等）、多孔膜（高分子膜、无机膜等）。

过滤分为表面过滤和深层过滤两种（图 1-7）。表面过滤表现为污水中的颗粒物被阻止在过滤介质表层，一般过滤介质的平均孔隙直径不大于污水中需要截留的颗粒粒径，过滤介质的孔隙越小，颗粒的黏度、塑变性越好，越容易在多孔介质的表面形成滤饼，从而降低污水的通过性。此外，当过滤颗粒粒径大于过滤介质孔隙直径的 1/3 时，在孔隙处可能形成"架桥现

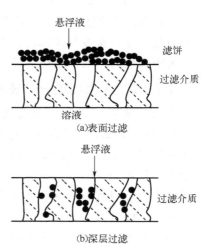

图 1-7　过滤过程

象"，形成堵塞的滤饼层。当污水中的颗粒粒径小且含量低（＜0.1%）时，可用较厚的颗粒床作为过滤介质，颗粒进入过滤介质内部通道后，靠静电及分子力的作用附着在孔隙的壁面上，从而实现固液分离，该法适用于污水的深度高标准处理。

过滤技术作为油田含油污水处理的重要手段，在油田污水净化处理中应用非常广泛，早期应用较多的是石英砂过滤器，目前应用广泛的有双层滤料过滤器、多层滤料过滤器、双向流过滤器和核桃壳过滤器等。

1.2.1.5　膜分离技术

膜分离技术是利用膜的选择透过性进行油滴分离和提纯的技术，基于膜内含有不同物质组成成分，通过物理和化学作用实现净化水质、去除污水中污染物以及脱除有机物等，兼具分离、浓缩和纯化功能，具有高效节能、污染小等优点，但也存在投资大、膜污染后难清洗、运行费用高等缺点。膜过滤按孔径（分离粒子）大小可分为微滤、超滤、纳滤、反渗透和电渗析等方法（图 1-8）。

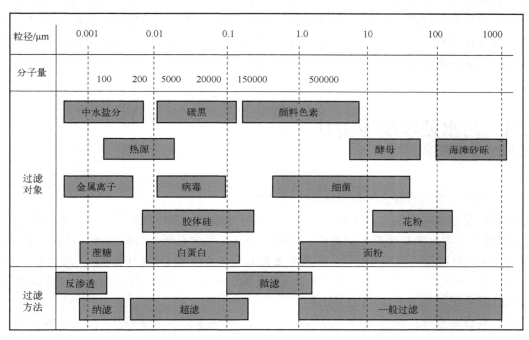

图 1-8　膜过滤范围谱图

目前，膜分离法处理含油废水正从实验室研究走向实际应用阶段。试验结果表明，随着超滤时间延长，COD 和油的去除率提高，均可保持在 90%～95% 的较高水平，耐盐、耐高温、高通量、抗污染等新型膜材料在油田中的应用需求不断增多。

1.2.2　油田采出水常用处理工艺

各油田、区块的采出水物理化学性质差异较大，且回注水的水质要求也不相同，故注水工艺流程也不同，主工艺多采用两段式，辅助工艺根据水质的需要，特别是当前污水零排放的要求，进行深度精细处理。

1.2.2.1 两段式：除油+过滤

除油段根据除油工艺不同可分为重力混凝沉降、压力混凝沉降、气浮、旋流、水质改性沉降，过滤段可分为一级过滤（核桃壳）、二级过滤（核桃壳+双滤料）、三级过滤过程（核桃壳+双滤料+金属膜）。两段式过滤（除油+过滤）构筑物投资相对较少，处理流程更优化，应用较为普遍。

1.2.2.2 精细处理

对于稠油污水，处理后的水作为锅炉给水时，需要软化和除硅。

对于部分回用要求高的污水，可以进一步采用生化处理、膜深度处理等工艺技术，以及多种工艺的重新组合。

1.2.2.3 新疆油田采出水处理简况

当前新疆油田采出水处理是以"高效水质净化与稳定"为核心的"重力除油—高效混凝沉降—机械过滤"工艺为主，以药剂辅助水的净化，除去采出水中的油、悬浮物和相关组分，水质的稳定则是控制腐蚀、结垢、硫酸盐还原细菌（SRB）繁殖；净化与稳定均与水中各种离子的含量与比例有关。大量稀油污水经处理后回用于油田注水、锅炉注汽用水，基本实现了零排放。稠油污水回用于锅炉后，浓缩盐水目前仍是处理难点。

1.3 污水处理现场实习

实习现场分为稠油联合站和稀油联合站两类。

稠油联合站为某稠油主力区块的联合站，该区块的原油物性变化范围大，油品普遍具有"三高四低"（即原油黏度高、酸值高、胶质含量高，硫含量低、含蜡量低、沥青质含量低、凝固点低）和黏温反应敏感等特点，黏度主要分布在 $1 \times 10^4 \sim 115 \times 10^4 \mathrm{mPa \cdot s}$（50℃），是优质环烷基原油，可生产 70 余种高端特种油品，主要采用 SAGD（蒸汽辅助重力泄油）方式开采，采出水处理系统总规模为 $4 \times 10^4 \mathrm{m^3/d}$。

稀油联合站设计原油处理能力为 $300 \times 10^4 \mathrm{t/a}$，采出水处理系统规模为 $2.0 \times 10^4 \mathrm{m^3/d}$，原油稳定系统规模为 $330 \times 10^4 \mathrm{t/a}$。

1.3.1 污水处理指标及理化物性

1.3.1.1 稠油联合站

该联合站污水处理主要采用"两级除油+混凝反应+两级过滤+软化"处理工艺，处理后的主要指标为：含油量≤2mg/L，悬浮物含量≤2mg/L。处理后的水用于过热注汽锅炉给水时，必须达到其指标（表 1-1）。

该油田区块采出水为 $NaHCO_3$ 水型和 $CaCl_2$ 水型，主要水质参数如表 1-2 和表 1-3 所示。原油处理系统脱水温度为 85～95℃，采出水温度为 82～92℃。

表 1-1 过热注汽锅炉给水主要指标

项目	指标	项目	指标
pH	7～11	总铁/（mg/L）	≤0.05
悬浮物/（mg/L）	≤2	溶解氧/（mg/L）	≤0.05
含油量/（mg/L）	≤2	SiO_2/（mg/L）	≤50
总硬度/（mg/L）	≤0.1	矿化度/（mg/L）	≤2500
总碱度/（mg/L）	≤125		

表 1-2 采出水典型水质参数

项目	数值	项目	数值
pH	8.33～8.58	Cl^-/（mg/L）	1101.4～1152.1
悬浮物/（mg/L）	240～949	SO_4^{2-}/（mg/L）	272.5～584.4
含油量/（mg/L）	5460～47871	K^++Na^+/（mg/L）	1056.7～1205
CO_3^{2-}/（mg/L）	46.6～69.4	SiO_2/（mg/L）	218～236.1
HCO_3^-/（mg/L）	420.4～670.2	总硬度/（mg/L）	30.6～35.6
$Ca^{2+}+Mg^{2+}$/（mg/L）	10.2～14.1	矿化度/（mg/L）	2742～3023.7

表 1-3   沉降脱水罐出水油珠粒径分布

粒径范围/μm	含油量/（mg/L）	粒径分布/%
≤60	11014	86.2
≤40	10258	80.3
≤20	9732	76.2
≤10	8415	65.9
总含油量/（mg/L）	12774	—

1.3.1.2 稀油联合站

该联合站主要采用"重力除油+旋流反应+混凝沉降+过滤"的污水处理工艺，处理后的主要指标需要满足 SY/T 5329—2022《碎屑岩油藏注水水质指标技术要求及分析方法》的要求，水质主要控制指标如表 1-4 所示。

表 1-4   水质主要控制指标

储层空气渗透率/μm^2	<0.01	0.01（含）～0.05（不含）	0.05（含）～0.5（不含）	0.5（含）～2（不含）	>2
水质标准分级	I	II	III	IV	V
悬浮固体含量/（mg/L）	≤8.0	≤15.0	≤20.0	≤25.0	≤35.0
悬浮物颗粒直径中值/μm	≤3.0	≤5.0	≤5.0	≤5.0	≤5.5
含油量/（mg/L）	≤5.0	≤10.0	≤15.0	≤30.0	≤100.0
平均腐蚀率/（mm/a）	≤0.076				

该区块采出水水温低，浊度（胶体物质、不溶物）高，硫化物、聚合物与凝胶等含量不稳定，水质波动大，典型水质参数见表 1-5。

表 1-5 采出水典型水质参数

项目	数值	项目	数值
pH	7.1～7.79	Cl^-/（mg/L）	4343.3～5467
悬浮物/（mg/L）	128	SO_4^{2-}/（mg/L）	112.8～540.2
含油量/（mg/L）	275	K^++Na^+/（mg/L）	3499.2～4459
CO_3^{2-}/（mg/L）	0～237.8	溶解氧/（mg/L）	0
HCO_3^-/（mg/L）	1748.9～2157.9	硫化物/（mg/L）	10.5
Ca^{2+}/（mg/L）	115～125.9	矿化度/（mg/L）	10322～11585
Mg^{2+}/（mg/L）	18.3～68.88	总铁/（mg/L）	0.3
腐蚀率/（mm/a）	0.079	SRB/（个/mL）	$>10^5$
腐生菌（TGB）/（个/mL）	$>10^5$		

1.3.2 污水处理工艺流程

根据不同的采出水水质及回用标准，各联合站污水处理工艺都不同，从工艺技术角度看，主工艺多相同，主要是设备及构筑物存在差异。

1.3.2.1 稠油联合站

常用的稠油采出水处理工艺流程如图 1-9 所示，原油脱水后的污水进入调储罐，从调储罐泵出后经加药反应、混凝沉降后，上层清液进入缓冲罐，然后通过双滤料和多介质过滤器后，锅炉回用。调储罐、反应罐和混凝罐底部的沉淀物排放至调质罐，加药后经离心机或叠螺机固液分离，分离的液相进入污水池，然后进入调储罐。

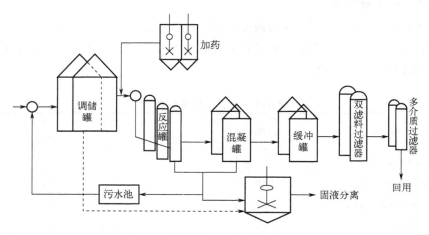

图 1-9 稠油采出水处理工艺流程

锅炉对给水水质的要求较高，污水进入锅炉回用前，往往需要软化、除硅处理。不同污水含油量、含硅量等不同，工艺也稍有不同。常用重力除油—旋流反应—混凝沉降—压力过滤处理工艺（图1-10）。采出水含油量较高时，往往采用气浮装置强化油水分离，采用重力除油—溶气气浮—压力过滤处理工艺（图1-11）。

联合站调储罐出水经过提升泵加压提升后，通过静态反应器，在静态反应器进口、出口分别投加预处理剂、除硅剂，投加除硅剂后污水进入除硅反应器中充分反应（单台除硅反应器处理能力为$1 \times 10^4 \mathrm{m}^3/\mathrm{d}$），反应后在每台除硅反应器出口投加净水剂，再分别进入1号到5号$25 \mathrm{m}^3$旋流混合反应器中，在旋流混合反应器中部投加助凝剂，旋流混合反应器出水进入对应的1号到5号$700 \mathrm{m}^3$混凝反应罐进行沉降，混凝反应罐出水进入后续污水处理流程。系统每天回收水约$4500 \mathrm{m}^3$，回收水进入站内$3000 \mathrm{m}^3$回收水罐，出水进入混凝反应器单独进行处理（工艺示意图见图1-12）。

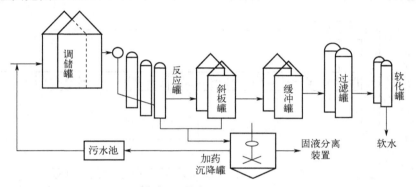

图 1-10　稠油采出水污水旋流反应工艺流程

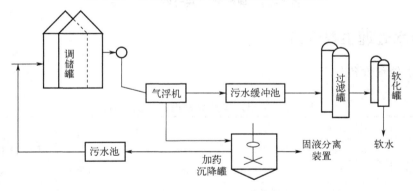

图 1-11　稠油采出水污水气浮重力除油工艺流程

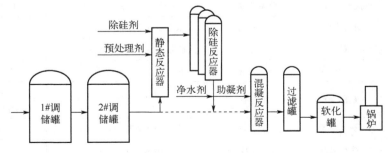

图 1-12　除硅工业装置工艺流程

1.3.2.2 稀油联合站

稀油联合站原油分离与采出水处理工艺（图 1-13）与稠油相似，采用两段沉降工艺，通过两段沉降分离，配合过滤，回收水再用于回注。

部分场站设有回掺罐回收污油，可以减小原油损失，增大产量，回掺罐使得污油反复经过系统可以使得清罐污泥的含油率减小。实习场站在电脱水器前端多一座加热炉，将来液温度加热至 60～65℃，满足电脱水器进水温度，可以更好地实现油水分离，降低后期清罐污泥的含油率。

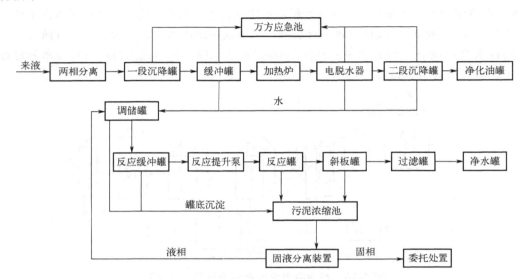

图 1-13　典型稀油联合站工艺流程

1.3.3　污水处理主要设备

常见污水处理设备见表 1-6。

表 1-6　采出水常用处理设备情况一览表

处理设备	技术特点	适用范围	优点	不足
API 分离器	设有斜板	一级处理	浮油去除率 50%～99%	浮油残留量 15～100mg/L
CPI 斜板分离器	除油	一级处理	除油率 50%～99%，粒径大于 150μm	只除大油滴
撇油罐	除油	污水除油	可去除大量浮油	只除大油滴
深床过滤	滤层厚度<1.2m	除悬浮物	可去除悬浮物中的小油滴	适用含油量<300mg/L
水力旋流器	离心力分离	污水除油	水中油可降低至 10mg/L	只除油滴
气浮装置	气溶或射流作用	污水除油	加药后，除油率 93%以上	不能除去溶解油
聚结器	油滴聚集	一级处理	成本低，可分离小油滴	不能除去溶解油
离子交换器	树脂交换	除硬度	设备紧凑	需要预处理（除油、沉淀软化等）
双滤料过滤器	分层设置	除悬浮物	除大颗粒和成矾花物质效果较好	不能除小颗粒
生物接触氧化装置	生化处理	除 COD	出水含油量低	不稳定

1.3.3.1 调储罐

调储罐（也称为一次沉降罐，图1-14）具备对采出水的调节、缓冲、初步除油、和除悬浮物四项功能，罐内设有负压排泥装置，可以根据需要排出罐底沉降物。

采出水经进水管流入中间反应筒内，经配水管流入沉降区，依据油、水及固相的密度差异，在重力作用下，大颗粒浮油上浮至顶部油层，较小的油粒随水流向下流动。在此过程中，浮油上浮，有的油颗粒随固相下沉，相互碰撞后油滴进一步增大、上浮，从而实现油、水、悬浮物的分离。根据进水和出水的油、悬浮物含量，设计罐体大小和沉降有效停留时间等参数，一般沉降有效停留时间为2～8h。

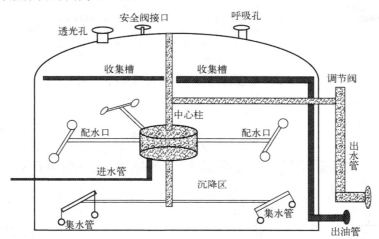

图 1-14　典型调储罐内部结构示意图

1.3.3.2 气浮装置

气浮装置通过在水中通入大量的微气泡，微气泡附着在油滴或疏水性悬浮物上，气泡密度低，在浮力作用下，黏附油微气泡的油滴快速上浮，并在上浮过程中发生颗粒碰撞，油滴或气泡聚集变大，从而使油与水分离。该装置具有比混凝沉降罐处理时间短、占地面积小、处理效率高等优点。

气浮装置可分为溶气气浮（图1-15）和射流气浮（图1-16）两种类型。溶气气浮是使空气在一定压力作用下溶解于水并达到过饱和状态，后经减压，使溶解于水中的空气以微细气泡形式从水中逸出，从而形成溶气气浮的一种方法。溶气气浮形成的气泡细小，初始粒度在30～80μm，净化效果较好。射流气浮是利用射流器喉管中高速水流形成的负压或真空，造成大量空气被吸入，并产生强烈的混合，空气被粉碎成细微气泡，进入扩散段后，压强增大，压缩气泡，增大了空气在水中的溶解度，随后进入气浮池。

1.3.3.3 过滤罐

过滤罐的工作压力一般设为0.6～1.0MPa，基于孔隙的吸附、絮凝、沉淀和截留等作用，使杂质截留在空隙或介质上，用于除去污水中的油和悬浮物。联合站多是下向流压力式石英砂过滤罐和下向流压力式核桃壳过滤罐。过滤罐主要由罐体、滤料层、承托层、配水系统、排水系统、搅拌系统、和为满足过滤、反冲洗要求而设置的管道、阀门系统组成（图1-17）。根据不同的进水和出水的含油量、悬浮物含量设计过滤罐相关参数。

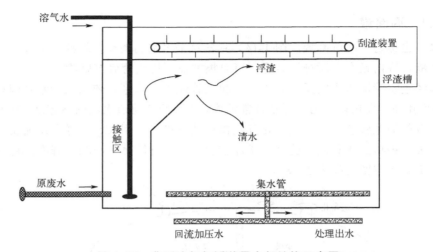

图 1-15　典型溶气气浮装置内部结构示意图

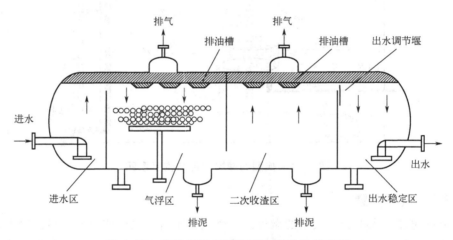

图 1-16　典型射流气浮装置内部结构示意图

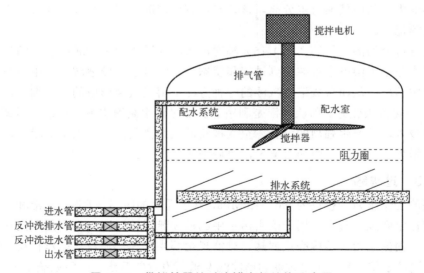

图 1-17　带搅拌器的过滤罐内部结构示意图

滤料选择要求：足够的机械强度，防止被磨损和破碎；化学性能稳定，避免与水及水中组分发生反应，影响水质；考虑颗粒粒径匹配和适宜的孔隙率，不同的滤料粒径适用于不同滤速和水头损失；外形类似于球体，但表面粗糙且有棱角。滤料的粒径、级配、装填厚度等应按相关标准执行，常用滤料见图1-18。

图 1-18　常用滤料

1.3.3.4　斜板沉降罐

斜板沉降罐是基于浅层沉降理论和层流原理，通过缩短颗粒沉降距离，从而缩短沉淀时间，并且增加沉淀池的沉淀面积，进而提高处理效率。斜板沉淀罐的斜板与水平面呈一定角度（通常是60°），废水从斜板下面流过，通过薄板间通道向侧上方流去，悬浮物沉积在斜板上，并自动滑落进入污泥斗。这种设计不仅提高了沉淀池的处理能力，而且还通过增加沉淀池的沉淀面积，促进了油、水、泥三相分离。采出水处理中常用压力斜板（图1-19）和压力混凝斜板（图1-20）沉降罐两种，后者设有涡流反应区，沉降的同时实现混凝，然后借助斜板的助沉作用，提高絮凝效果，一般沉降时间为30～40min。

1.3.3.5　固液分离设备

各种罐、池底的沉积物中仍含有较高的液相，若直接外排，成为含油污泥，需要具有危险废物处置相应资质的企业才能处理，为了实现减量化，需要控制含油污泥中的含液量，联合站往往会通过添加絮凝剂、混凝剂等助剂后，采用固液分离设备回收含油污泥中的油和水。常用的固液分离设备有卧式离心机、叠螺机、压滤机等（见图1-21至图1-25）。

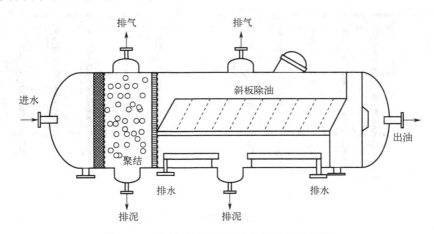

图 1-19　压力斜板沉降罐内部结构示意图

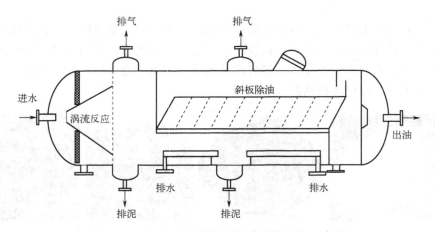

图 1-20　压力混凝斜板沉降罐内部结构示意图

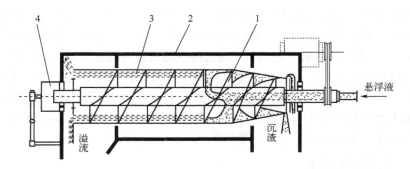

图 1-21　卧式离心机结构示意图

1—螺旋送料器；2—机壳；3—转鼓；4—差速器

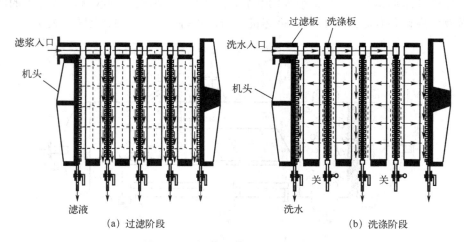

（a）过滤阶段　　　　　　　　（b）洗涤阶段

图 1-22　板块压滤机工作示意图

图 1-23 板块压滤机

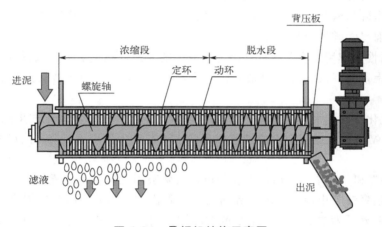

图 1-24 叠螺机结构示意图

图 1-25 叠螺机

1.4 采出水处理主要药剂简介

1.4.1 破乳剂

采出水中含有一定量的乳化油，通过常规的沉降、过滤难以分离。化学破乳剂是一种快速、高效的破乳药剂，可以有效降低油水界面膜弹性和黏性，破坏表面结构，降低膜的强度，促进油滴的聚结，形成浮油，在浮力作用下从水中分离。

采出水中同时存在水包油（O/W）、油包水（W/O）等状态，受原油中胶质、沥青质等影响，以油包水型乳状液为主，由于界面上发生的物理化学过程研究困难，其破乳机理仍有待深入研究，当前已知破乳机理主要有：

① 表面活性剂作用，破乳剂具有比乳状液中的天然乳化剂更高的表面活性，可以优先地吸附在界面膜上，能降低乳液界面张力和界面膜的强度，受外力干扰后发生破裂，从而实现破乳。

② 反相乳化作用，利用亲水型破乳剂可以将环烷酸、沥青等乳化产生的 W/O 型原油乳状液转化为 O/W 型，此过程中水碰撞聚集形成水滴在重力作用下沉降，油形成油滴上浮，从而油水分离。

③ "润湿"和"渗透"作用，破乳剂可以溶解吸附在乳化水的界面上，形成胶束，把乳化剂分子溶解包裹在胶束内部，减少界面膜上的乳化剂，降低界面膜的强度，或以（较长的分子链）破乳剂分子为中心形成一个松散的球团，增加不同液滴界面之间的接触面积和碰撞聚结的可能性，或渗入乳液中将亲水性固体从油水界面拉入水滴，碰撞聚集更大的水滴而下沉。

④ 反离子作用，利用乳状液中水滴带负电荷的特性，加入离子型破乳剂，使水滴表面电荷中和，并降低水滴间斥力，从而使水滴碰撞合并从油中沉降。

W/O 乳状液的破乳过程可以认为分以下四个步骤（图 1-26）：

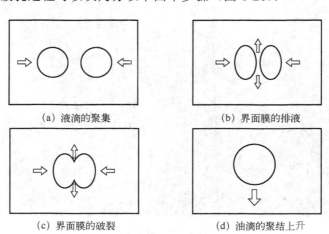

（a）液滴的聚集　　　　　　（b）界面膜的排液

（c）界面膜的破裂　　　　　　（d）油滴的聚结上升

图 1-26　破乳剂原理

① 液滴的聚集：液滴在布朗运动和破乳剂的共同作用下发生聚集。

② 界面膜的排液：液滴界面张力降低，相互之间的斥力减小，液滴相互聚集，界面膜外围的连续相被挤压排出。

③ 界面膜的破裂：液滴之间的界面膜相互接触融合后发生破裂。

④ 油滴的聚结上升：小液滴融合成大液滴后，由于自身重力大于所受浮力，而发生沉降，且在沉降的过程中会循环发生前三个步骤，液滴加速沉降，油滴则上升。

当前使用的破乳剂分类及特点见表 1-7。

表 1-7　破乳剂分类及特点

破乳剂分类	起始剂名称	优点
起始剂为胺类的嵌段聚醚破乳剂	起始剂为二胺、四乙烯五胺以及多乙烯多胺等	工艺简单、成熟，并且具有较高的产量和较多的品种
起始剂为醇类的嵌段聚醚破乳剂	起始剂为丙二醇、丙三醇以及高碳醇等	具有较高的产量和丰富的品种
起始剂为烷基酚醛树脂的嵌段聚醚破乳剂	可以使用壬基酚，也可以使用混合的烷基酚作为起始剂	在较低的温度下就可以对高石蜡含量的原油乳状液进行快速的破乳
起始剂为酚醛树脂的嵌段聚醚破乳剂	甲醛、烷基酚和多乙烯多胺类化合物反应得到酚醛树脂后，再和环氧乙烷环氧丙烷反应即可得到破乳剂	该类破乳剂已经研制近半个世纪，由于分子中含有亲油性较好的苯环和活性位点较多的多乙烯多胺，可以较好地溶解沥青质、胶质等物质，且具有较多的分子支链，因此破乳脱水效果较好、适用性较广，目前在国内很多的油田仍然在使用
起始剂为含氢硅油的嵌段聚醚破乳剂	大多是含活泼氢的烷基硅氧烷和含有活泼位点的嵌段聚醚进行反应得到	由于烷基硅氧烷较好的亲油性而表现出脱出水质清、破乳速度快等特点
特种破乳剂	含磷破乳剂	工艺简单，研发和制备成本较低，是一种较为经济实用的方法

1.4.2　絮凝剂

絮凝剂是一种使水中不易聚集的胶体及细小悬浮颗粒（粒径为 $10^{-3} \sim 10^{-7}$cm）凝聚、沉淀的药剂。当前，絮凝剂的作用机理，可以分为以下四类。

1.4.2.1　压缩双电层

污水中的杂质等往往以胶体形态存在，胶体具有稳定的结构——双电层结构，内层为吸附层，外层为扩散层，二者电性相反（图 1-27）。胶体的稳定性取决于胶粒与其表面之间的电位差，即 Zeta（ζ）电位，其值越高则表明该系统越稳定。带相同电荷的胶体间的相互斥力不仅与 Zeta 电位有关，还与胶粒的间距有关，距离越近，斥力越大。而布朗运动的动能不足以将两颗胶粒推进到使范德华引力发挥作用的距离。因此，胶体微粒不能相互聚结而长期保持稳定的分散状态。

絮凝剂作为一种电解质在水中电离出带电离子，使与胶粒扩散层电荷相同的离子浓度增加，部分电荷会进入胶粒的吸附层进而降低扩散层厚度。

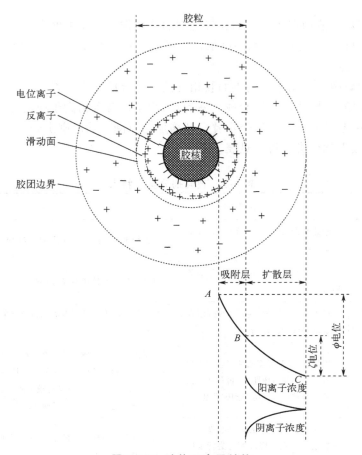

图 1-27 胶体双电层结构

1.4.2.2 吸附电中和

该理论认为胶体颗粒会吸附与其电性相反的离子、颗粒等,使胶体自身的电荷发生改变,进而降低 Zeta 电位,使其稳定性变差,产生凝聚现象（图 1-28）。

然而,当胶粒吸附了过多的异性电荷时,其带电性质会反转,在实际的污水处理中表现为投加过量的铁盐、铝盐时胶体发生再稳现象。

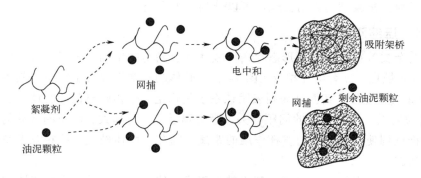

图 1-28 吸附电中和示意图

1.4.2.3 吸附架桥

高分子型絮凝剂在水中溶解后，一般具有较长的链状结构或支状结构，其结构上的某些基团会通过电荷作用和物理吸附力，与胶粒的某些部位吸附结合，使多个胶粒吸附在同一个链上，使胶粒连接起来，该絮凝剂就起到了架桥作用（图 1-29）。

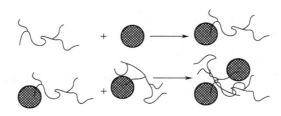

图 1-29　吸附架桥示意图

1.4.2.4 沉淀物网捕

向水中投加金属盐类絮凝剂（如氯化铁、硫酸铝、石灰等），当药剂投加量和溶液介质的条件足以使金属离子迅速生成氢氧化沉淀时，所产生的难溶分子就会以胶体颗粒或细悬浮物作为晶核形成沉淀物，在水中搅动及沉淀过程中，会将胶粒网捕、卷扫进来，形成更大的沉淀物。

联合站采出水处理过程中，污水处理往往是以上多种机理共同发生作用。通过向污水中添加化学絮凝剂，去除大部分微小悬浮杂质和胶体，以及一些乳化油，以此达到净化水质的作用。

当前使用的絮凝剂分类及特点见表 1-8。

表 1-8　絮凝剂分类及特点

絮凝剂分类	典型药剂	优点	缺点
阳离子型有机絮凝剂	阳离子型聚丙烯酰胺（CPAM）	脱水效果显著，可将污泥含水率降低至 80% 以下	反应对 pH 和温度要求较高，脱水剂制备要求工艺较高
阴离子型有机絮凝剂	阴离子聚丙烯酰胺	用量低、絮体大、沉降性好、无毒害作用、腐蚀性低	反应对 pH 和温度要求较高，脱水剂制备要求工艺较高
高分子型无机絮凝剂	聚合硅酸（PS）、聚合氯化铝（PAC）、聚合硫酸铝（PAS）	混凝效果好，效率高、适应性强、价格低、使用方便	常用的无机混凝剂（如 Fe^{3+}）只能增加脱水速度，不能提高脱水程度，即只要给予足够长的脱水时间，是否投加混凝剂和絮凝剂得到的污泥泥饼的含固率是一样的
小分子型无机絮凝剂	明矾、$Al_2(SO_4)_3$、$FeCl_3$、$MgSO_4$		
复合絮凝剂	聚合氯化铝铁（PAFC）、聚合硫酸铝铁（PAFS）、聚合硅酸铁（PFSI）、聚合磷酸铝铁（PAFP）	生成的矾花密度大、沉降快、用量少、制备简单	制备工艺要求相对复杂，制作成本相对较高
生物絮凝剂	纤维、核酸、糖蛋白、多肽等	绿色无毒、活性高、效果好、无二次污染	广泛存在于污泥中的胞外聚合物（EPS）非常不利于污泥的浓缩脱水，生物絮凝剂的添加有可能增加污泥中 EPS 的含量

1.4.3　除硅剂

稠油高温开采过程中,岩石中的氧化硅会溶解到蒸气冷凝液中,与水和原油一起进入联合站,经过原油脱水后,以硅酸根离子(SiO_3^{2-})或悬浮的 SiO_2 胶体(活性硅 SiO_2)形式存在于废水中,常规的酸洗难以除去,若废水循环回用于发生蒸汽,容易在锅炉内壁和注汽管线内形成硅垢,影响锅炉传热,致炉管和注汽管线穿孔。

常用的除硅方法包括化学混凝法、浮选法、反渗透法、电凝聚法、离子交换法、电絮凝法。常用的药剂包括七水硫酸镁、聚合氯化铝、氯化镁等,用氯化镁除硅是在 pH=10~11 的条件下,氯化镁和硅酸根离子生成硅酸镁沉淀,然后加入絮凝剂,使悬浮的硅酸镁和少量胶体硅沉淀除去。

1.4.4　其他药剂

1.4.4.1　阻垢剂

为了防止难溶性无机盐发生结垢反应,堵塞管道,需要添加阻垢剂。阻垢剂通过抑制水中垢的形成、抑制生长、分散作用等,实现其阻垢或延缓结垢的目的,包括铬系、非铬系、磷系配方以及近年来的全有机配方等。

阻垢剂能够与水中的金属离子结合,生成稳定的可溶性螯合物,起到增容作用;也可以改变晶粒表面的电荷,带同种电荷的晶粒间产生静电斥力,阻碍晶粒间的碰撞、接触,进而抑制晶粒长大;还可以在晶体形成初期,吸附在晶格表面或内部,阻碍晶格正常成长。当前使用的阻垢剂分类及特点见表 1-9。

表 1-9　阻垢剂分类及特点

阻垢剂分类	典型药剂	防垢类型	优点	缺点
天然阻垢剂	纤维素、单宁、木质素、壳聚糖、腐植酸钠等	碳酸盐、铁盐、锌盐	天然无毒易降解、价格低、来源广	用量大、成本高
无机磷酸盐类	三聚磷酸钠($Na_5P_3O_{10}$)、六偏磷酸钠($Na_6P_6O_{18}$)	碳酸盐	低毒性,价格低,来源广泛	水解后会产生正磷酸引起藻类过度繁殖
有机磷酸盐类	氨基三甲叉膦酸(ATMP)、乙二胺四甲叉膦酸(EDTMP)	碳酸盐	稳定性强,不易水解,阻垢性能好,耐高温	本身为有机磷酸盐,有可能促进水体富营养化
聚合物类	马来酸类共聚物、丙烯酸类共聚物、含磷聚合物	碳酸盐、硫酸盐、铁垢、锌垢	效果好,适用范围广	为有机类聚合物,制备工艺要求相对较高
绿色阻垢剂	聚天冬氨酸(PASP)、聚环氧琥珀酸(PESA)	碳酸盐、硫酸盐、磷酸盐、锌垢	不含磷,绿色无害,可生物降解	多为氨基酸类物质,会增加水体营养化程度

1.4.4.2　缓蚀剂

由于采出水成分复杂,防腐是锅炉和管道等部件的重要工作之一,可减少材料损失,保护装置正常运行。主要的防腐措施有化学防腐(使用缓蚀剂)、杀菌剂、除氧剂、阴极保护、镀层保护、淡化保护及采用玻璃钢材料等。添加缓蚀剂作为一种低成本、易操作、高效的缓蚀方法，应用比较广泛，开发环保、低毒、高效的缓蚀剂成为了主要研究方向。例如，硅酸钠可以与铁表面的氧化物发生反应，生成 Fe_2O_3、Fe_2SiO_4 和 Fe_7SiO_{10}，形成抗腐蚀保护层。当前使用的缓蚀剂分类及特点见表 1-10。

表 1-10　缓蚀剂分类及特点

缓蚀剂分类	种类	优点	缺点
氧化膜型	铬酸盐、磷酸盐、硅酸盐、钨酸盐、钼酸盐	防护效果好，膜分布均匀，形成的氧化膜致密	用量大、毒性大
沉淀膜型	聚磷酸盐、硼酸盐类、膦酰基羧酸类	价格低、具有多孔性膜结构	与金属结合不紧密
吸附膜型	有机胺类、磺酸盐、脂肪酸类和木质素	有机物易于降解	对金属表面要求高，当金属表面有污垢时成膜效果差

 实习讨论与考核

（1）请简述石油开采的一般流程。

（2）稠油和稀油联合站采出水有哪些区别？

（3）采出水处理方法有哪些？

（4）请简述采出水处理的主流工艺。

（5）请简述实习企业稠油联合站处理工艺。

（6）请简述实习企业稀油联合站处理工艺。

（7）请简述固液分离设备的常用类型、原理和区别。

（8）请简述实习企业联合站可能用的化学药剂、作用和主要机理。

（9）通过实习企业现场学习，你获得了哪些收获？

第2章

石油炼制企业"三废"处理实习

2.1 石油炼厂简介

2.1.1 石油炼厂的构成

一个完整的石油炼厂主要由三部分构成：①主体生产装置，主要将原油或馏分油加工转化为接近合格产品的装置；②辅助生产装置，对主体生产装置的副产物或产品进行加工或者处理的装置；③公用工程系统，对整个炼厂的水、蒸汽、气体、原料和中间产品进行供应或者调控的系统，如图2-1所示。其中主体生产装置包括原油常减压蒸馏、催化裂化、加氢裂化、延迟焦化、催化重整、加氢精制、丙烷脱沥青等装置，辅助生产装置包括制氢、硫黄回收、气体分离加工、污水处理等装置；实际的原油蒸馏过程中，公用工程包括仪表供电、供水、供水蒸气、供气（如压缩空气站、空分）系统，以及原油、中间产品和产品的储运系统等。

2.1.2 石油炼厂典型工艺流程

石油炼厂按照产品的类型来分，可以分为四类：①燃料型，只生产汽油、柴油、航空煤油等燃料，产品比较单一，早期炼厂都属于此类型；②燃料-润滑油型，除了生产汽油、柴油、航空煤油等燃料外，还生产润滑油产品，产品比较灵活，具有较好的灵活加工能力；③燃料-化工型，除了生产汽油、柴油、航空煤油等燃料外，还可以生产化工原料如聚丙烯、聚乙烯等，具有较好的规模和经济效应；④燃料-润滑油-化工型，除了生产汽油、柴油、航空煤油等燃料外，还可以生产润滑油和化工原料，具有很强的综合生产能力。各个炼厂根据原油的性质不同和市场的需求，开发出不同的加工方案，其加工流程会有显著不同，如胜利原油是含硫中间基原油，硫含量在1%左右，在加工方案中应充分考虑原油含硫的问题。胜利原油主要直馏产品的性质特点如下：

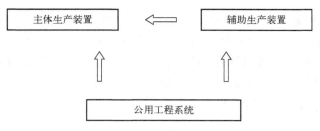

图 2-1　炼厂构成关系

① 直馏汽油的辛烷值约为 47，初馏–130℃馏分中芳烃含量高，是重整的良好原料。

② 航空煤油馏分的密度大、结晶点低，可以生产 1 号喷气燃料，但必须脱硫醇，而且芳烃含量较高，应注意解决符合无烟火焰高度的规格要求问题。

③ 直馏柴油的十六烷值低于大庆直馏柴油的十六烷值，凝点不高，可以生产–20 号、–10 号、0 号柴油及舰艇用柴油。由于含硫及酸值较高，产品须适当精制。

④ 减压馏分油的脱蜡油的黏度指数低，而且硫含量及酸值较高，不宜生产润滑油，其采用燃料型加工方案（见图 2-2）。

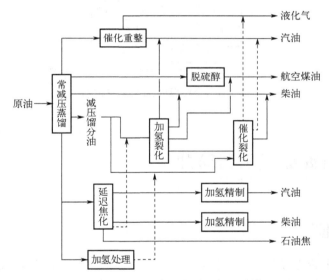

图 2-2　胜利原油加工工艺流程

而大庆石油属于低硫石蜡基原油，主要特点是含蜡高、凝点高、沥青质含量低、重金属含量低、硫含量低。其主要直馏产品的主要性质特点如下：

① 初馏–200℃直馏汽油的辛烷值低，仅为 37 左右，应通过催化重整提高其辛烷值，也是制取乙烯的优良裂解原料。

② 直馏喷气燃料的密度较小、结晶点高，只能达到 2 号喷气燃料的规格指标。

③ 直馏柴油的十六烷值高，有良好的燃烧性能，但其收率受凝点的限制。

④ 煤油、柴油馏分含烷烃多，是制取乙烯的良好裂解原料。

⑤ 350～500℃减压馏分的润滑油潜含量（烷烃十环烷烃+轻芳烃）约占原油的 15%，而黏度指数可达 90～120，是生产润滑油的良好原料。

⑥ 减压渣油硫含量低、沥青质和重金属含量低、饱和分含量高，可以掺入减压馏分油甚至单独作为催化裂化原料（需要根据加工过程的经济性确定合适的掺入比），也可以经丙烷脱沥青及脱沥青油精制生产残渣润滑油。渣油含沥青质和胶质较少而蜡含量较高，难以生产高质量的沥青产品，脱油沥青也不适合作为高品质沥青产品，可作为延迟焦化掺炼原料。其加工方案为燃料-润滑油型（见图 2-3）。

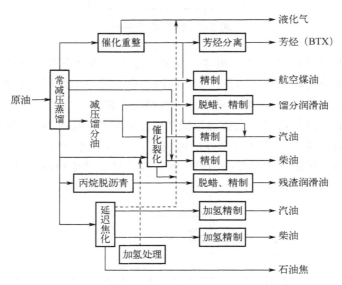

图 2-3　大庆原油加工工艺流程

2.2　常用石油加工工艺简介

2.2.1　石油蒸馏

原油是各种复杂轻重烃类的混合物。要从原油中加工生产出汽油、柴油、润滑油和其他石油化工产品，需要将原油按照需求切成期待的馏分，然后根据油品的质量和指标要求，去除馏分中的杂质，或者是经由化学转化形成所需要的组成，进而获得合格的石油产品。因此，炼油厂的第一个关键问题就是要完成馏分的初步分离问题。

从字面上理解，"蒸"意为加热蒸发，"馏"意味着将加热汽化的气相冷凝。由于体系分子间相对挥发度（或沸点）的不同，蒸发的气相和未蒸发的液相间存在着组成的差异，从而使体系实现了分离。蒸馏技术是石油加工中经济且容易实现的分离方法，炼油过程第一套加工装置就是常减压蒸馏。

按照所制订的原油加工方案，常减压蒸馏装置将原油分割成一次加工产品和二次加工原料。一次加工产品包括直馏汽油、煤油、轻柴油或重柴油馏分及各种润滑油馏分等，这些馏分油经过适当的精制和调配便成为合格的石油产品。二次加工原料包括重整原料、催化裂化原料、加氢裂化原料、乙烯裂解料等，这些馏分油既可经过二次加工提高轻质油的收率和产品质量，也可以作为石油化工装置的生产原料。因此常减压蒸馏决定着整个石油加工过程的走向，被誉为石油加工的"龙头"。

在炼油厂的各种二次加工装置中，蒸馏同样也发挥着至关重要的作用，如重整装置的原料预处理及产品的分离、催化裂化装置和焦化装置的主分馏以及后续产品分离、汽油或柴油加氢装置产品分离、溶剂回收等，蒸馏装置贯穿炼油生产过程的始终。在石油化工、天然气加工和炼厂气加工过程中，蒸馏过程依然是主导分离的单元操作，广泛应用于各种加工过程的原料提纯、中间产物的分离和最终产品的分离过程中。

与常规精馏相比，原油蒸馏有十分显著的特点，这些特点甚至会导致在实际设计中考虑不同的原则和采用不同的设计计算方法。

① 原油是烃类和非烃类的复杂混合物。在实际的原油蒸馏过程中，原油蒸馏产品（例如各种燃料和润滑油等）的沸点是一个沸程范围，因此对分馏精确度的要求较低，不像明确组分体系的化工产品的精馏过程对组成要求的那样高。

② 原油体系的沸程极宽，包括可汽化的一次加工馏分和难以汽化的胶质、沥青质等二次加工原料。一方面，高碳数的一次加工馏分沸点高，易产生裂化。另一方面，有些二次加工原料更容易分解，并且分解后容易在蒸馏塔内形成积炭而堵塞一次加工设备。因此，在实际加工过程中，一方面应当采取防止一次加工原料分解的技术手段，另一方面也应尽量缩短原料油在高温设备内的停留时间。在原油一次加工中，蒸馏塔普遍采取原料油通过加热炉一次汽化、水蒸气汽提和减压操作等措施，而不采用常规精馏过程的再沸器。

③ 原油蒸馏不仅生产燃料油、溶剂油和润滑油等一次加工产品，而且也生产乙烯原料、重质的催化蜡油（减压瓦斯油）等二次加工原料，包括常压和减压两部分，因而通常称为常减压蒸馏装置。

④ 炼油是个大规模的生产过程，现代大型炼油厂的年处理量大都在千万吨以上，这个特点必然会反映到对原油蒸馏在工艺、设备、成本、安全等各方面的要求上。

常减压工艺流程见图 2-4。原油经过电脱盐装置，脱盐和脱水后进入换热网络，加热到 180～230℃进入初馏塔。初馏塔顶生产重整料或汽油，塔底油进入换热网络进行换热，换热终温达 290～308℃，然后经常压炉加热到 350～370℃后，进入常压塔。常压塔顶油和初馏塔顶油混合后进重整装置和汽油调和车间，常压塔侧线经过换热网络后，出装置作燃料油、溶剂油和化工原料产品；常压重油进入减压炉加热到 380～420℃后进入减压塔。减压塔各产品经过换热网络换热后出装置。

在加工过程中主要在电脱盐系统、常压塔顶、常压汽提塔、减压塔顶、减压汽提塔、减压加热炉等部分需要注入水或者蒸汽，最终会产生较多的污水。

2.2.2 催化重整

催化重整是在一定温度、压力、临氢和催化剂存在的条件下，使石脑油（主要是直馏汽油）转变成富含芳烃（苯、甲苯、二甲苯，简称 BTX）的重整汽油并副产氢气的过程。催化重整汽油是高辛烷值汽油的重要组分,在发达国家的车用汽油组分中,催化重整汽油约占 30%；BTX 是一级基本化工原料，全世界所需的 BTX 有近 70%来自催化重整。氢气是炼厂加氢过程的重要原料，而重整副产氢气是廉价的氢气来源。

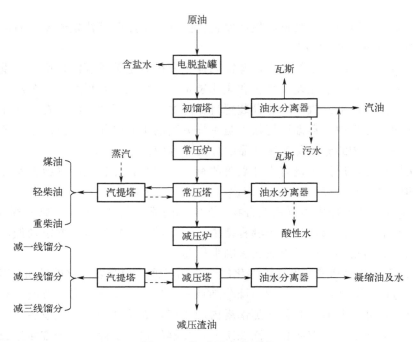

图 2-4　常减压工艺流程

催化重整的原料主要是直馏汽油馏分，生产中也称石脑油。在生产高辛烷值汽油时，一般用 80～180℃馏分，馏分的终馏点过高会使催化剂上结焦过多，导致催化剂失活快及运转周期缩短。沸点低于 80℃的 C_6 环烷烃的调合辛烷值已高于重整反应产物苯的调合辛烷值，因此没有必要再去进行重整反应。当以生产 BTX 为主时，则宜用 60～145℃馏分作原料，但在生产实际中常用 60～130℃馏分作原料，130～145℃馏分常作航空煤油。二次加工所得的汽油馏分如加氢裂化重石脑油、焦化汽油、催化裂化石脑油、乙烯裂解抽余油等，经加氢精制脱除烯烃及硫、氮等非烃化合物后也可掺入直馏汽油馏分作为重整原料。焦化蜡油主要是作为加氢裂化或催化裂化的原料。

生产的目的产品不同时，采用的工艺流程也不相同。当以生产高辛烷值汽油为主要目的时，其工艺流程主要包括原料预处理和重整反应两大部分。而当以生产轻芳烃为主要目的时，则工艺流程中还应设有芳烃分离部分，这部分包括反应产物后加氢使其中的烯烃饱和、芳烃溶剂抽提、混合芳烃精馏分离等几个单元过程。图 2-5 是以高辛烷值汽油为目的产品的铂铼催化重整装置工艺流程。

原料的预处理包括原料的预分馏、预脱砷、预加氢三部分，其目的是得到馏分范围、杂质含量都合乎要求的重整原料。为了保护价格昂贵的重整催化剂，对原料中的杂质含量有严格的限制，但是各厂家采用的限制要求也有一些差异。

经预处理的原料油与循环氢混合，再经换热、加热后进入重整反应器。重整反应是强吸热反应，反应时温度下降。为了维持较高的反应温度，一般重整反应器由 3～4 个反应器串联，反应器之间由加热炉加热到所需的反应温度。各个反应器的催化剂装入量并不相同，一般有一个合适的比例，前面的反应器装入量较小、后面的反应器装入量较大。反应器入口温度一般为 480～520℃，第一个反应器的入口温度较低，后面的反应器入口温度较高。由最后一个

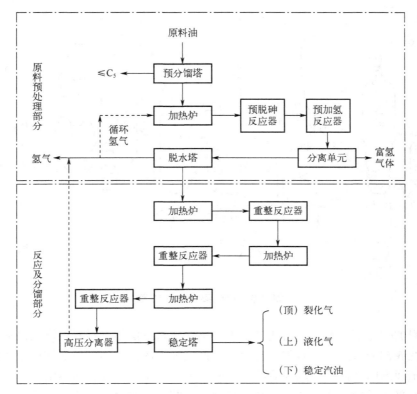

图 2-5　催化重整工艺流程

反应器出来的反应产物经换热、冷却后进入高压分离器，分出的气体含氢 85%～95%（体积分数），经循环氢压缩机升压后大部分作循环氢使用，少部分去预处理部分。分离出的重整生成油进入稳定塔，塔顶分出液态烃，塔底产品为满足蒸气压要求的稳定汽油。

催化重整过程中产生的污水主要来自预加氢，进入脱水塔实现油水分离。

2.2.3　催化裂化

催化裂化是重质石油烃类在催化剂的作用下反应生产液化气、汽油和柴油等轻质油品的生产过程，在汽油和柴油等轻质油品的生产中占有重要地位。特别是在我国，大约 80%（质量分数）的汽油和 1/3 的柴油均来自该工艺。2023 年，我国催化裂化加工能力达到约 $2×10^8$t/a，且掺炼渣油的比例高达 30%（质量分数），居世界之首。催化裂化工艺将 3000 多万吨低价值的减压渣油转化成了社会急需的轻质燃料和化工产品，是我国主要的重质油轻质化手段。

催化裂化装置一般由三个部分组成，即反应-再生系统、分馏系统、吸收-稳定系统。对处理量较大、反应压力较高（例如>0.25MPa）的装置，常常还有再生烟气的能量回收系统（见图 2-6）。

新鲜原料油经换热后与回炼油浆混合，经加热炉加热至 180～320℃后至提升管反应器下部的喷嘴，原料油由水蒸气雾化并喷入提升管内，在其中与来自再生器的高温（650～750℃）催化剂接触，随即汽化并进行反应。油气在提升管内的停留时间很短，一般只有几秒。反应产物经旋风分离器分离出夹带的催化剂后离开沉降器去分馏塔。

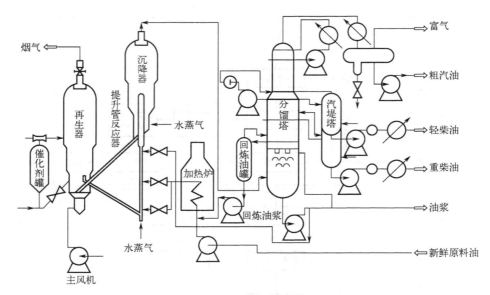

图 2-6 催化裂化工艺流程

积有焦炭的催化剂（称待生催化剂）由沉降器落入下面的汽提段。汽提段内装有多层人字形挡板并在底部通入过热水蒸气，待生催化剂上吸附的油气和颗粒之间的空间内的油气被水蒸气置换出而返回上部。经汽提后的待生催化剂通过待生斜管进入再生器。

由反应器来的反应产物（油气）从底部进入分馏塔，经底部的脱过热段后在分馏段分割成几个中间产品：塔顶为富气及粗汽油，侧线有轻柴油、重柴油和回炼油，塔底产品是油浆。轻柴油和重柴油分别经汽提后，再经换热、冷却后出装置。

催化裂化过程中蒸汽与原料一起进入提升管反应器，蒸汽随反应产物进入分馏塔后，最终在油水分离罐底以酸性水形式排出，同时柴油汽提塔的蒸汽冷凝后也生产污水。

2.2.4 延迟焦化

延迟焦化是以渣油为原料，在高温（480～550℃）下进行深度热裂化反应的一种热加工过程。焦化过程的反应产物有气体、汽油、柴油、蜡油（重馏分油）和焦炭。

减压渣油经焦化过程可以得到 70%～80% 的馏分油。焦化汽油和焦化柴油中不饱和烃含量高，而且硫、氮等非烃类化合物的含量也高，因此，它们的安定性很差，必须经过加氢精制等精制过程加工后才能作为发动机燃料。焦化蜡油主要是作为加氢裂化或催化裂化的原料，有时也用于调和燃料油。焦炭（亦称石油焦）除了可用作燃料外，还可用于高炉炼铁，如果焦化原料及生产方法选择适当，石油焦经煅烧及石墨化后，可用于制造炼铝、炼钢的电极等。焦化气体含有较多的甲烷、乙烷以及少量的丙烯、丁烯等，可用作燃料或制氢原料等。

作为渣油轻质化过程，焦化的主要优点是：

① 可以加工残炭值及重金属含量很高的各种劣质渣油，而且过程比较简单，投资和操作费用较低；

② 所产馏分油柴汽比较高，柴油馏分十六烷值较高；

③ 为乙烯生产提供石脑油原料；

④ 生产优质石油焦。

焦化的主要缺点是：

① 焦炭产率高，一般为原料残炭值的 1.5～2 倍，且多数情况下只能作为低价值的普通石油焦；

② 液体产物的质量差，需要进一步加氢精制。

尽管焦化过程尚存在这些缺点，但仍然是目前加工高金属含量、高残炭值劣质渣油的主要手段，并为催化裂化、加氢裂化和乙烯生产提供原料。

近年来，对用于制造冶金用电极，特别是超高功率电极的优质石油焦需求不断增长，因此，对某些炼油厂，生产优质石油焦已成为焦化过程的重要目的之一。

在焦化过程的发展史中，曾经出现过多种工业形式，其中一些已被淘汰，目前主要的工业形式是延迟焦化和流化焦化。世界上 85%以上的焦化处理能力都属延迟焦化类型，只有少数国家（如美国）的部分炼油厂采用流化焦化。

延迟焦化装置的工艺流程有不同的类型，就生产规模而言，有一炉两塔（焦炭塔）流程、两炉四塔流程等。图 2-7 是延迟焦化装置的工艺流程。

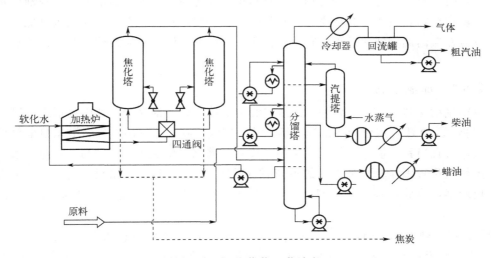

图 2-7　延迟焦化工艺流程

原料油（减压渣油）经换热及加热炉对流管加热到 340～350℃，进入分馏塔下部，与来自焦化塔顶部的高温油气（420～440℃）换热，把原料油中的轻质油蒸发出来，同时加热原料油（约 380℃）及淋洗高温油气中夹带的焦末。原料油和循环油一起从分馏塔底抽出，用热油泵送进加热炉辐射室炉管，快速升温至约 500℃后，分别经过两个四通阀进入焦化塔底部。热渣油在焦化塔内进行裂解、缩合等反应，最后生成焦炭。焦炭聚结在焦化塔内，而反应产生的油气从焦化塔顶逸出，进入分馏塔，与原料油换热后，经过分馏得到气体、粗汽油、柴油、蜡油和循环油。最近国内新建装置常采用对流串辐射工艺，原料油经换热后先进原料缓冲罐，然后泵送进加热炉对流段与辐射段连续加热，不再由对流段抽出后进分馏塔换热，这样可以灵活调控循环比。分馏塔设计和操作也需要作出相应调整。

2.2.5　催化加氢

催化加氢作为石油加工的一个重要过程，对于提高原油加工深度、合理利用石油资源、改善产品质量、提高轻质油收率以及减少大气污染都具有重要意义。尤其是随着原油日益变重变劣，市场对优质中间馏分油的需求越来越多，催化加氢更显重要。催化加氢是指石油馏分在氢气存在下的催化加工过程。目前炼油厂采用的加氢过程主要有两大类：加氢精制和加氢裂化。此外，还有专门用于某种生产目的的加氢过程，如加氢处理、临氢降凝、加氢改质、润滑油加氢等。

加氢精制主要用于油品精制，其目的是除掉油品中的硫、氮、氧等杂原子及金属杂质，使烯烃饱和，有时还对部分芳烃进行加氢，从而改善油品的使用性能。

加氢裂化是在较高压力下，烃分子与氢气在催化剂表面进行裂化和加氢反应生成较小分子的转化过程。加氢裂化按加工原料的不同，可分为馏分油加氢裂化和渣油加氢裂化。馏分油加氢裂化的原料主要有减压蜡油、焦化蜡油、裂化循环油及脱沥青油等，其目的是生产高质量的轻质油品，如柴油、航空煤油、汽油等，其特点是具有较大的生产灵活性，可根据市场需要，及时调整生产方案。渣油加氢裂化与馏分油加氢裂化有本质的不同，渣油中富集了大量硫、氮化合物和胶质、沥青质大分子及金属化合物，使催化剂的作用大大降低，因此，热裂化反应在渣油加氢裂化过程中有重要作用。一般来说渣油加氢裂化的产品尚需进行加氢精制。

2.2.5.1　加氢精制

加氢精制的原料有汽油、煤油、柴油和润滑油等各种石油馏分，其中包括直馏馏分和二次加工产物，此外还有重渣油的加氢脱硫产物。加氢精制装置所用氢气多数来自催化重整的副产氢气，只有当副产氢气不能满足需要，或者无催化重整装置时，才另建制氢装置。石油馏分加氢精制尽管因原料和加工目的不同而有所区别，但是其基本原理相同并且都采用固定床绝热反应器，因此，各种石油馏分加氢精制的工艺流程原则上没有明显的差别，如图2-8所示。

原料油经换热并与从循环氢压缩机来的循环氢混合，以气液混相状态进入加热炉（炉前混氢），加热至反应温度（在有些装置上也采用循环氢不经加热炉而是在炉后与原料油混合的流程，即炉后混氢，此时也应保证混合后能达到反应器入口温度的要求）。根据原料油的沸程、反应器入口温度及氢油比等条件，反应器进料可能是气相，也可能是气液混相。在大多数装置中，物流自上而下通过反应器。对于气液混相进料的反应器，内部设有专门的进料分布器。反应器内的催化剂一般是分层填装以利于注入冷氢，控制反应温度。向催化剂层间的空间注入冷氢的量，要根据反应热的大小、反应速度和允许温升等因素通过反应器热平衡来决定。由反应器底部引出的反应产物经换热、冷却到约50℃后进入高压分离器。

反应产物在高压分离器中进行油气分离，分出的气体为循环氢，循环氢中除了主要成分氢以外，还有少量气态烃和未溶于水的硫化氢。分出的液体产物是加氢生成油，其中也溶有少量气态烃和硫化氢。高压分离器中的分离过程实际上是平衡汽化过程，因此，气液两相组成可以根据在该处的温度、压力条件下各组分的平衡常数，通过计算确定。

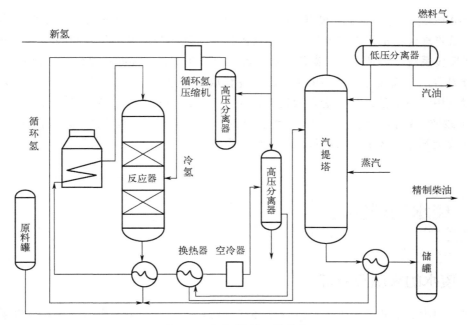

图 2-8　加氢精制工艺流程

2.2.5.2　加氢裂化

目前工业上加氢裂化多用于从重质油生产汽油、航空煤油和低凝点柴油，所得产品不仅产率高而且质量好。此外，采用加氢裂化工艺还可以生产液化气、重整原料、催化裂化原料油、乙烯裂解原料以及低硫燃料油。加氢裂化所用原料包括粗柴油、减压瓦斯油、重油及脱沥青油，工艺流程如图 2-9 所示。

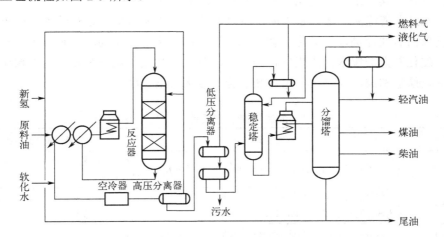

图 2-9　加氢裂化工艺流程

原料油经泵升压至 16.0MPa 后，与新氢及循环氢混合，再与 420℃左右的加氢生成油换热至 320～360℃进入加热炉。反应器进料温度为 370～450℃，原料油在反应温度为 380～440℃、空速为 1.0h⁻¹、氢油比（体积比）约为 2500 的条件下进行反应。为了控制反应温度，向反应器分层注入冷氢。反应产物经与原料油换热后温度降至 200℃，再经空冷器冷却，温度降到 30～40℃之后进入高压分离器。反应产物进入空冷器之前注入软化水以溶解其中的 NH_3、H_2S 等，以防水合物析出而堵塞管道。自高压分离器顶部分出循环气，经循环氢压缩机升压后，返回反应系统循环使用。自高压分离器底部分出生成油，经减压系统减压至 0.5MPa，进入低压分离器，在低压分离器中将水脱出，并释放出部分溶解气体，作为富气送出装置，可以作燃料气用。生成油经加热送入稳定塔，在 1.0～1.2MPa 下蒸出液化气，塔底液体经加热炉加热至 320℃后送入分馏塔，最后得到轻汽油、航空煤油、低凝柴油和塔底油（尾油）。尾油可部分或全部作循环油，与原料油混合再去反应。

2.3 废水处理实习

2.3.1 废水的来源及特征

炼油厂的废水主要有原油脱盐水、循环水排污、工艺冷凝水、产品洗涤水、机泵冷却水及油罐排水等。所产生的废水量随炼油厂类型及加工工艺技术的不同而异，我国炼油企业加工每吨原油产生的废水量为 1～3t。

不同来源的废水污染程度不同，其中所含的污染物也有差异（见表 2-1）。如油罐区排水中的污染物主要是石油烃类；催化裂化装置排水中的污染物除烃类物质外，还含有较多的含硫化合物、氮化合物及酚类化合物等。电脱盐污水、废碱渣处理单元出水、污水汽提后未回用的含硫污水、乙烯装置的废碱处理单元出水、动力站化学水处理站中和污水等污水含盐、含油量高并且含有其他杂质，乳化严重，不易处理后回用。

表 2-2 列出了某炼油厂部分装置所排废水的性质。由表可知，这些装置所排出的废水中均含有不同量的石油烃类、含硫化合物、挥发酚及氰化物等污染物。用等标污染负荷率来评价，以催化裂化装置的废水污染程度最为严重，其次为常减压蒸馏装置、延迟焦化装置、加氢精制装置及原油和成品油罐区，电脱盐装置的废水污染程度最轻。

表 2-1 炼油厂废水主要污染源及污染物

废水分类	主要污染源	主要污染物及特征
含油废水	装置凝缩水、油气冷凝水、油气水洗水、油罐切水	石油类：浮油、分散油、乳化油、溶解油，排水量最大
含硫废水	催化裂化、焦化、加氢等装置的塔顶油水分离器、富气水洗、液态烃水洗、油罐切水	硫化氢、氨氮、酚、石油类；水排量不大，但污染物浓度高
含碱废水	常减压、催化裂化等装置的柴油、煤油、汽油的碱洗水	碱、石油类、酚
含盐废水	电脱盐装置、环烷酸装置、膜过滤反渗透装置	含盐量高，石油类含量高，乳化严重
含酚废水	常减压、催化裂化、焦化等装置的油水分离器，催化裂化装置	废水含酚量高（总酚量的一半以上）
生产废水	循环水排污、锅炉水排污、油罐喷淋冷却水等	石油类
生活污水	办公生活区排水	COD、BOD、氨氮等

表 2-2　某炼油厂部分装置所排废水的性质

装置名称		电脱盐	常减压蒸馏	催化裂化	延时焦化	加氢精制	原油和成品油罐区
加工量/（Mt/a）		5.0	5.0	1.4	0.80	0.12	—
废水量/（m³/h）		30	34	21	11	5	31
石油烃类	浓度/（mg/L）	133	210	122	146	830	9465
	等标污染负荷率/%	1.20	2.17	0.78	0.50	1.25	89.61
含硫化合物	浓度/（mg/L）	4.30	1206	1688	3828	5418	16.00
	等标污染负荷率/%	0.09	27.98	24.16	28.73	18.48	0.33
挥发酚	浓度/（mg/L）	1.40	44.90	259	18.00	14.00	27.00
	等标污染负荷率/%	0.57	13.05	46.62	1.67	0.60	7.14
COD_{Cr}	浓度/（mg/L）	1257	3933	3818	12203	8606	23321
	等标污染负荷率/%	3.08	10.92	6.55	10.96	3.50	59.05
CN^-	浓度/（mg/L）	3.50	162.5	1180	19.0	1077	1.60
	等标污染负荷率/%	0.29	15.22	68.24	0.53	14.94	0.14
污染源等标污染负荷率/%		0.41	19.83	33.69	15.44	13.60	13.52

由于各种来源的废水的污染情况不尽相同，炼油厂往往将其废水分为含油废水、含硫废水、含盐废水和含碱废水等分别进行收集和处理。表 2-3 所列为某炼油厂中各类废水性质的典型数据。从表 2-3 可以看出，各类废水中以含油废水的数量最大，一般含油废水和含盐废水可以直接进入污水处理厂处理；含硫废水和含碱废水的污染程度最为严重，需要经过预处理后才能进入污水处理厂，否则会影响生物氧化过程中的生物繁殖。

表 2-3　某炼油厂中各类废水性质的典型数据

项目		含油废水	含硫废水（经预处理）	含盐废水	含碱废水
流量/（m³/h）		330	60	30	5
污染物浓度/（mg/L）	S^{2-}	1.26	21.14	4.32	42.86
	CN^-	0.49	11.22	3.51	14.27
	挥发酚	8.14	117.14	1.41	242.38
	COD_{Cr}	543	2329	1257	42169

2.3.2　废水污染物除去原理

炼油厂废水中的主要污染物可分为三大类，即石油类、可溶性物质和悬浮物。石油类包括悬浮油、分散油及乳化油，可以采用隔油、浮选和聚结处理方法。可溶性物质包括氨氮、挥发酚、溶解油及硫化物等，可以采用生化处理方法，包括好氧（普通曝气法、接触氧化法及生物滤池法）、厌氧处理方法。悬浮物采用过滤、混凝沉淀、气浮等处理方法。炼油厂废水处理也可以分为一级、二级、三级处理及深度处理（见表 2-4），不同方法原理不同。

表 2-4　炼油厂废水处理常见技术

治理等级	治理方法		功能	治理水质
一级处理	格栅		去除粗大杂物	达到进入生物治理水质要求
	沉砂		沉淀泥沙	
	调整 pH		保持 pH 处于合适范围	
	破乳		破乳化	
	隔油	油水分离罐	除浮油、粗分散油、悬浮物	
		平流式重力隔油池		
		斜板隔油池		
	气浮	投药絮凝	除细分散油、细小悬浮物	
		溶气气浮		
		喷射气浮		
	聚结（粗粒化）		除细小散油、细小悬浮物	
	均衡（调质、均质）		使水量、水质均匀	
二级处理	生物治理	活性污泥法	去除可溶性有机物	可达排放标准
		（合建式、分建式、深层）曝气池		
		生物膜法		
		塔式生物滤池		
		接触氧化池		
		氧化塘		
三级处理	过滤	砂滤	去除生物难降解的可溶性有机物、随出水流失的活性污泥悬浮物	确保达到排放标准
		双层滤料过滤		
		活性炭过滤		
	絮凝沉淀			
	絮凝溶气气浮			
深度处理	活性炭吸附法		深入去除悬浮物、氧化物和盐组分等	接近地表水标准
	化学氧化法			
	膜法（微滤、超滤、钠滤、反渗透）			

2.3.2.1　一级处理

一级处理主要功能包括去除并沉淀泥沙、保持 pH 处于合适范围、除去浮油和悬浮物、破乳化和均质化等，处理方法有格栅、沉砂、调整 pH、破乳、均质、隔油、气浮等方法，处理后水质应达到生物治理的水质要求。

（1）均质基本原理

在生产运行过程中，废水在一定周期内的流量、组成和理化性质（COD、pH、颜色、浊度、油、TSS 等）会出现很大波动，可能会对个别处理单元的性能产生不利影响，特别是生物过程。因此，废水在进入下游处理单元之前，需要平衡和保持恒定的进水流量和相对稳定的浓度。均质通常通过流量均衡或浓度均衡来实现，均质罐可存储波动的废水流，并以稳定的流量将其排出到下游单元，可以设置在隔油罐的上游、气浮的上游或气浮的下游，主要取决于进口负载率和含油污水的组成。

（2）隔油基本原理

隔油一般用于去除含油污水中的游离油和悬浮物，利用密度的差异分离油、水和固体，浮在废水表面的油通过撇去去除，而沉淀到分离器底部的油泥则定期去除。该法效率高、成本低，被广泛用于去除游离油，但在去除乳化和可溶性油方面是无效的。此外，高 pH 会使乳液稳定，降低分离器的性能，可以用酸中和，降低 pH。

典型隔油罐结构如所示图 2-10，一般由进水管、出水管、隔板等部件构成。当油水混合物进入隔油罐时，首先通过进水管进入隔油罐内部。由于油的密度比水小，在重力作用下，油会浮在水的上面，隔油罐内设置的隔板将油与水分离，油会沿着隔板上升，而固体则沉淀在底部。油和水分别从隔油罐的不同出口流出，从而除去污水中的浮油和机械杂质。

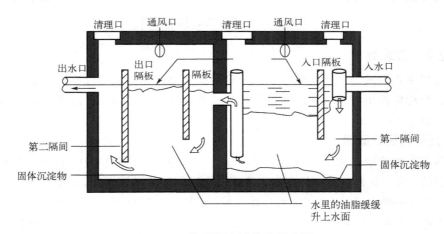

图 2-10　典型隔油罐结构示意图

（3）气浮基本原理

气浮利用微小空气泡去除废水中的小油滴、悬浮物和其他不溶性杂质。在这个过程中，空气在废水中不断喷射，在大气压下在浮池中产生数百万个微小的气泡。溶解的微小气泡与油/固体物质的表面相互作用，随后将它们漂浮到废水表面。撇油器除去漂浮的油/固体，这些油/固体进一步进入炼油厂废渣的后续处理。通常，分散颗粒（油/固体）由于其表面的负电荷而相互排斥，这使得它们无法形成更大尺寸的颗粒（或絮团）而沉降。因此，气浮过程通常需要添加化学混凝剂和絮凝剂，以增强悬浮油/固体的聚集成大尺寸。气浮的优点是占地面积小、效率高。产生微小气泡的高运行成本和有害化合物（如 H_2S 和 NH_3）的排放（导致气味问题）是该工艺的主要缺点。

气浮工艺的原理主要涉及以下几个过程：

① 溶气过程：部分处理过的废水加压回流到溶气罐，空气过饱和并溶解于水中。

② 混合过程：在气浮池的入口处，溶气水减压产生微小气泡，与加入絮凝剂的原水混合。

③ 附着过程：微小气泡迅速附着在悬浮物上，形成密度小于水的悬浮体。

④ 浮升过程：附着了污染物质的气泡上浮至水面，形成易于去除的浮渣层。

⑤ 分离过程：通过刮板或其他设备将浮渣层清除掉，从而达到固液分离的目的。

气浮工艺的关键因素包括气泡的大小和数量、气固比、进水浓度、工作压力、上浮停留时间以及药剂的作用（如混凝作用）。这些因素根据废水种类、水质和处理要求而有所不同，也随不同的设计流程而有所变化，其工艺流程见图 2-11。

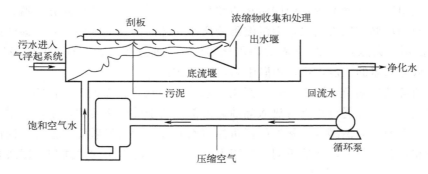

图 2-11　气浮工艺流程示意图

2.3.2.2　二级处理

二级处理主要指采用生物处理方法，即利用微生物的生命活动过程，对废水中的污染物质进行转移和转化作用，从而使废水得到净化的处理方法。包括活性污泥法、生物膜法及接触式氧化池等。

（1）活性污泥法原理

活性污泥是由细菌、真菌、原生动物、后生动物等微生物群体及吸附的污水中有机和无机物质组成的、有一定活力的、具有良好净化污水功能的絮绒状污泥，细菌含量一般在 $10^7 \sim 10^8$ 个/mL，原生动物为 10^3 个/mL。从外观上看，活性污泥根据废水水质不同有不同的颜色，有褐色、黄色、灰色和铁红色等，密度为 $1.002 \sim 1.006 g/cm^3$，粒径为 $0.02 \sim 0.2mm$，比表面积为 $20 \sim 100cm^2/mL$，有沉降和吸附能力。活性污泥呈弱酸性（pH 约为 6.7），具一定的缓冲能力和氧化有机物的能力，有自我繁殖能力。

从时间上看，活性污泥中微生物的生长曲线分为适应期、对数增长期、减速增长期和内源呼吸期（见图 2-12）。起始阶段，活性污泥中微生物群体对新环境有一个短暂的适应期，菌数不增加，微生物数量没有增长。进入对数期，细胞以最快速度进行裂殖，细菌生长速度最大，生物生长繁殖不受底物或基质限制；在此阶段微生物数量的对数值与时间呈直线关系，微生物数量大，个体小，净化速度快，但效果较差，只能用于前端处理。当营养物质被大量消耗，细胞增殖速度与死亡速度相当时，活菌数量多且趋于稳定，个体趋于成熟，即进入减速增长期。最后进入衰亡期：营养物基本耗尽，微生物只能利用菌体内贮存物质，大多数细胞出现自溶现象，细菌死亡多，增殖少，但细胞个体大、净化效果强（对有机物而言）。同时，自养菌比例上升，硝化作用加强。如氧化沟或硝化段。

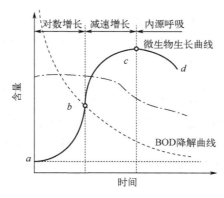

图 2-12　活性污泥中微生物增长曲线以及其增长速度和有机污染物降解速度的关系
（污染物一次投加）

曝气池是好氧活性污泥法的核心，活性污泥法是一种以活性污泥为主体的废水生物处理的主要方法。利用活性污泥中的微生物来分解有机污染物，可以去除污水中的大部分有机物，但对于含有重金属污染或者高毒性抗生素污染的水体去除率低。活性污泥的升级技术有序批式活性污泥法（SBR）、生物强化活性污泥技术和细胞表面展示技术。炼油厂污水中油的浓度突然增加会导致微生物死亡和生物浓度降低，进入生物池中的污水含油量要严格控制在 20mg/L 以内。

（2）生物膜法原理

生物膜法是与活性污泥法不同的另一类生物处理技术。这种方法是利用填料或某些载体使细菌和真菌类的微生物、原生动物和后生动物类的微型动物附着在上面，形成生物膜。生物膜高度亲水，存在附着水层；微生物高度密集，各种细菌以及微型动物，形成了有机污染物-细菌-原（后）生动物的食物链。生物膜形成成熟后，微生物不断繁殖增长，生物膜的厚度不断增加，增厚到一定程度时，在氧不能透入的内侧深部即转变为厌氧状态，生物膜便由好氧和厌氧两层组成。

生物滤池、生物转盘、生物接触氧化池和生物流化床等都属于生物膜处理技术。

流化床生物膜属于三相生物流化床处理方法，是一种基于特殊结构填料的生物流化床技术，该技术在同一个生物处理单元中将生物膜法与活性污泥法有机结合，提升反应池的处理能力和处理效果，并增强系统抗冲击能力。其污染物降解原理如图 2-13 所示。

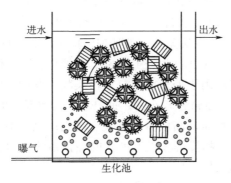

图 2-13　生化池结构示意图

微生物附着生长于悬浮填料表面，形成一定厚度的微生物膜层（见图 2-14）。独特设计的填料在鼓风曝气的扰动下在反应池中随水流浮动，带动附着生长的生物菌群与水体中的污染物和氧气充分接触，污染物通过吸附和扩散作用进入生物膜内，被微生物降解。填料表面为好氧反应过程，有机物在此部分氧化分解去除；填料内部为厌氧反应过程，可进行硝化和反硝化反应。流动床载体表面的微生物为附着生长方式，具有很长的污泥龄，非常有利于生长缓慢的硝化菌等自养型微生物的繁殖，填料表面有大量的硝化菌繁殖，因此，系统具有很强的硝化去除氨氮能力。同时附着生长方式利于其他特殊菌群的自然选择，而这些特殊菌群可有效降解残存的污染物，特别是一些难降解的污染物，从而获得更低的出水 COD 浓度，具有较好的出水水质。

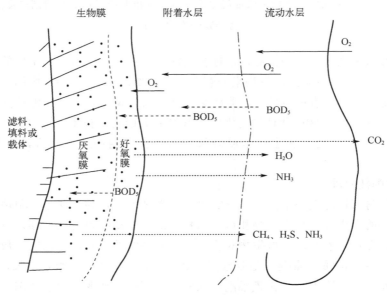

图 2-14　生物膜结构示意图

2.3.2.3　三级处理

三级处理主要对从二级处理单元接收的废水进行进一步处理，以降低污染物（即微量有机物、悬浮固体、溶解固体、金属和病原体）的浓度，通常被认为是一个改进步骤，以满足环境排放的标准。通常，三级处理是通过砂滤、活性炭过滤和化学氧化[如过氧化氢（H_2O_2）处理、氯化消毒]来完成的。然而，含油污水中含有顽固性污染物，如苯、甲苯、二甲苯、萘、芴、芘、酚类等，常规三级处理方法无法有效处理这些污染物。目前，膜分离工艺（如超滤、反渗透等）和高级氧化工艺（AOPs，如光 Fenton、光催化、过氧化氢/紫外线、臭氧化、湿空气氧化和电化学氧化）被广泛用于处理此类复杂污染物。其中 AOPs 通过产生活性羟基自由基来降解多种污染物，从而产生毒性较小的中间产物，具有反应时间极短（通常几分钟）、效率高和污染物矿化等优点。然而，高成本、不安全的副产品和有毒污泥的产生是 AOPs 的主要缺点。一般采用电絮凝、生物降解和吸附串联的综合系统处理炼油厂废水。

（1）流砂过滤器基本原理

流砂过滤器的正常工作过程为 24 小时连续进水、连续出水。反洗采用设备内部空气提升泵、洗砂器及滤后水连续进行，以清除过滤介质中的杂质。

连续流砂过滤器是基于逆流原理。进水通过设备上部的进水口，经中心管流到设备内底部入流分配器，进入砂床底部，水流向上，流过滤层而被净化，滤后水从设备顶部出水口排出；夹杂过滤杂质的砂粒从设备锥形底部，通过空气提升泵被提升到设备顶部洗砂器；砂粒的清洗在空气提升泵提升过程中就已经开始：紊流混合作用使截流污物从砂粒中剥离下来；进入洗砂器的砂粒由于重力作用，向下自动返回砂床，同时，一股小流量的滤后水被引入洗砂器内，并与向下运动的砂粒形成错流而起到清洗作用；清洗水通过也设在设备上部的清洗水出水口排出；被清洗后的砂粒返回砂床形成整个砂床的向下缓慢移动，从而构成连续流砂过滤器的原理。

（2）活性炭过滤罐基本原理

活性炭吸附工艺是污水回用深度处理中经常采用的重要单元操作技术之一，活性炭能够吸附苯基醚、正硝基氯苯、萘、苯乙烯、二甲苯、酚类、DDT、醛类、烷基苯磺酸以及多种脂肪族和芳香族的烃类物质。

活性炭在水中吸附发生在水相、溶质、活性炭固相颗粒界面三者之间的相互作用过程中。发生吸附的主要原因在于溶质的疏水特性和固相颗粒所受表面张力的不平衡造成溶质对固相颗粒的高度亲和力。因此，亲水物质在固相吸附界面移动比较难，反之憎水物质则较易；溶解度大的溶质向固相吸附界面移动比较难，反之溶解度小的溶质则较易。另外，吸附的发生是由溶质与吸附剂之间的静电引力、范德华力（分子间引力）、化学键力所引起的。由此可见，当活性炭吸附剂在水中吸附溶质时，一般说来，其孔隙结构和比表面积大小是最重要的特性。活性炭用来吸附的大部分表面积位于炭粒内部的孔隙结构之中。

（3）高效沉淀池基本原理

高效沉淀池是一个集混凝、絮凝、斜管沉淀、污泥回流及污泥浓缩为一体的紧凑型处理系统，具有三大功能：混凝絮凝（同时通过投加适合的药剂达到除硬、除硅的作用）、沉淀、污泥浓缩。高效沉淀池利用强制污泥外循环回流方式，增大絮凝反应的污泥浓度；充分利用回流污泥的接触絮凝、沉积网捕的作用，提高硬度、COD、悬浮物等的去除率。高效沉淀池主要由一级快混池、二级快混池、三级快混池、絮凝反应池、斜管沉淀剂污泥浓缩系统几部分组成。

2.3.3　主要点源预处理

采用不同点源分类处理策略可以提高整体处理效率，提高处理后的出水质量，并可将处理后的废水回用于消防补水、冷却塔、绿化带等内部用水。这种分类战略在缺水地区尤其重要。基于特征（COD、BOD、TSS、TDS、顽固性污染物等）对废水流进行分类是许多行业的普遍做法。炼油厂单元操作和工艺产生的废水大致可分为四类：脱盐废水、含酸废水、含碱废水和含油废水。

2.3.3.1　含硫废水预处理

加工含硫原油的炼油厂的含硫废水中含硫量高达 5500mg/L，其 COD 也可达 5000mg/L以上，同时还会含有较多的氨、酚类及氰化物。对于此类污染程度严重的废水，不能直接进入污水处理装置，必须经过预处理。含硫废水的预处理有两种方法，对于数量少且含硫浓度较低的废水可用空气氧化法，而对于数量多且含硫浓度较高的废水则需用蒸汽汽提法。

含硫废水中所含硫和氮多半是以 NH_4HS 或（NH_4）$_2S$ 的形式存在，通过蒸汽汽提可以将它们分解为 H_2S 及 NH_3 而除去。蒸汽汽提有单塔汽提和双塔汽提两种。双塔汽提发展历史较长，运转平稳，但能耗高，处理 1t 水的能耗一般为 250～400kg 蒸汽；而带侧线抽出的单塔汽提流程简单，且能耗较低，处理 1t 水的能耗为 130～200kg 蒸汽。

（1）单塔汽提

单塔汽提又可分为单塔低压汽提和单塔加压汽提，典型的含硫废水单塔侧线抽出汽提流程如图 2-15 所示。该流程实质上是把双塔汽提流程中的氨汽提塔和硫化氢汽提塔重叠在一个塔内，利用 CO_2 和 H_2S 的相对挥发度比 NH_3 高的特性，将含硫废水中的 CO_2 和 H_2S 从塔顶汽提出去。通过控制适宜的塔体温度，在塔中部形成氨物质的量/（硫化氢物质的量+二氧化碳物质的量）比值大于 10 的液相及富氨气体，该气体从侧线抽出。含硫废水经换热至 150℃ 左右后进入压力为 0.3～0.5MPa 的汽提塔中进行闪蒸，其气相中含有 H_2S 及 NH_3 等污染物。在汽提塔中，该上升的气相与从顶部打入的冷含硫废水逆流相遇，进行吸收和精馏。H_2S 比 NH_3 更易于挥发，导致 H_2S 在气相中不断富集而从塔顶逸出。塔底可借助再沸器或通入过热蒸汽以进行汽提，这样便使塔内下降液相中的 NH_3 浓度出现一个最高点，在该处即可从侧线抽出富含 NH_3 的气相。由于从侧线抽出的气相中还含有水汽及少量的 H_2S，因此还需经三级分凝以得到较纯净的 NH_3。经过汽提后，含硫废水中的 H_2S 及 NH_3 均可脱除 90%以上，从汽提塔底排出的水称为汽提精华水，可回用或送往污水处理装置进行进一步处理。

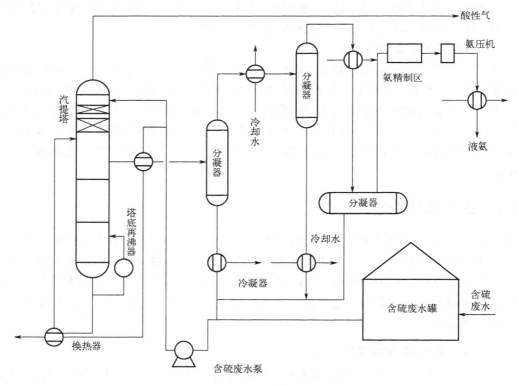

图 2-15　单塔侧线抽出汽提流程

（2）双塔汽提

如图 2-16 所示，含硫废水中的硫化氢及氨在两个汽提塔中分别脱除，其主要操作条件为：硫化氢汽提塔塔顶温度约为 45℃，塔底温度约为 160℃，塔顶压力约为 0.5MPa；氨汽提塔塔顶温度约为 120℃，塔底温度约为 140℃，塔顶压力约为 0.2MPa。

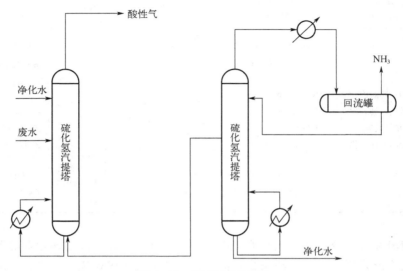

图 2-16　双塔汽提流程

2.3.3.2　含油废水预处理

在生产、运输、精炼过程和泄漏（例如原油罐、废油罐等）过程中会释放出大量的油脂，被这些油脂污染的工艺用水即为含油废水。含油废水中通常存在四种碳氢化合物，即脂肪族、芳香族、沥青质和氮硫氧（NSO）相关化合物。含油废水是黏性的，会堵塞排水管，并在厌氧条件下产生令人不快的气味。沉降分离、水力旋流器、吸附、混凝-絮凝、生物降解、溶气浮选、反渗透、膜过滤、AOPs 等技术被广泛应用于含油废水的处理。每一种技术都有其特定的范围，个别过程可能无法达到环境要求的处理水平。典型的含油污水处理系统包括平衡、一级和二级油水分离、生物处理、澄清、三级处理和固体处理。建议采用物理、化学和生物相结合的处理方法，以达到满意的效果。用于脱盐废水处理的典型分离系统也可用于含油废水的处理。

2.3.3.3　脱盐废水预处理

脱盐废水一般含有油、油脂、表面活性剂、乳化剂、氨、硫化物、悬浮物、重金属和溶解性有机化合物。表 2-5 总结了脱盐废水的特点、处理方法及其工艺效率。此前，重力沉降、混凝-絮凝、离心接触器、膜分离、吸附和生物降解等方法已被用于处理脱盐废水。然而，大多数研究人员专注于处理单个污染物和模拟废水。在现实中，脱盐废水具有污染物含量高（如油脂浓度为 400～2500mg/L、TDS 浓度为 400～2500mg/L、TSS 浓度为 50～5000mg/L、COD 浓度为 100～13000mg/L）、成分复杂、稳定性强、急性生物毒性等特点，还含有有毒和顽固性化合物（例如苯系物、萘、氨、硫化氢等），并且单独的方法不适合产生可在炼油厂进一步再利用的高质量处理废水。如果脱盐废水未经预处理直接送到污水处理厂，可能会对理化和生物过程的整体性能产生不利影响。因此，对脱盐废水进行预处理或一级处理后再进行二级处理和三级处理是有效管理脱盐废水的较好方案。

表 2-5　脱盐废水的特点、处理方法及其工艺效率

处理单元	主要污染物	目标污染物及其浓度	处理方法	应用方法	效率
生产、运输、精炼过程和泄漏（如原油罐污水罐等）	油脂、脂肪族、芳香族、沥青质和氮硫氧（NSO）化合物	COD（72450mg/L），硫化物（34517mg/L）	酸中和+蒸汽汽提、湿式氧化法（WAO）、AOPs	电絮凝	COD 去除率大于 80%，硫化物去除率大于 95%
		TSS（250mg/L），TDS（8200mg/L），COD（456mg/L），BOD（321mg/L）	重选，溶气气浮，吸附，生物处理，沉降，水力旋流器	纳米多孔膜	可去除 100% TSS、44.4%TDS、99.9%油和润滑脂、80.3%COD 和 76.9%BOD
		COD（650~1150mg/L），总氮（35~70mg/L）	油分离、气浮、厌氧、好氧生物降解	厌氧好氧生物降解	COD 去除率为 95%，TN 去除率为 99%

混凝、旋流浮选、分离器、气浮池、水力旋流器强化过滤、离心接触器等预处理或一级处理方法已被广泛采用，以减少污染物负荷。预处理提高了脱盐废水的生物可降解性，便于进一步处理。在此方向上，采用旋流浮选作为预处理阶段对脱盐废水进行处理，发现脱盐废水的除油率较高，油、悬浮物和 COD 分别降至 30mg/L、15mg/L 和 700mg/L 以下。水力旋流器强化过滤器可从脱盐废水中去除超过 85%的油和悬浮固体。

根据相关研究，采用离心接触器作为预处理步骤，可降低含油量和毒性，提高污染物的生物降解性。在炼油厂，脱盐废水在送到主处理装置之前通常要经过油水分离装置。一般安装一个单独的油水分离装置来处理高度污染的脱盐废水比升级现有污水处理厂配置更为经济。典型脱盐废水预处理示意图如图 2-17 和图 2-18 所示。最初，脱盐废水被送入浮动转盘水箱（减少 VOCs 排放），以实现平衡和扰动缓冲。浮在废水上的油被撇去，送到炼油厂的污水中。而污水（中期）则由污水处理厂处理。较重的固体（或污泥）在池底沉淀（一般停留时间为一天），然后送到污泥处理厂进行进一步处理。在许多报告中发现，脱盐废水含有大量挥发性有机化合物，这些化合物可能排放到环境中并造成空气污染，可以用分离塔进行控制。

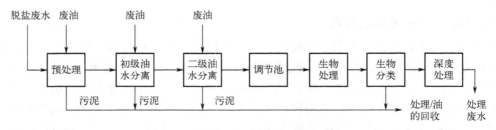

图 2-17　脱盐废水处理流程

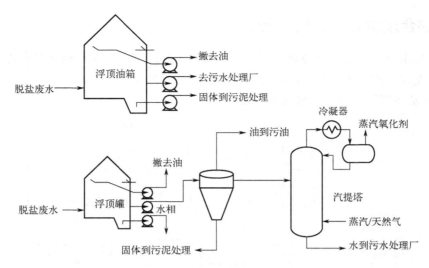

图 2-18   脱盐废水工艺流程图

2.3.3.4   含酸废水预处理

蒸汽作为汽提介质广泛应用于单元工艺（如常压蒸馏、真空蒸馏、石脑油加氢处理、流化催化裂化等）。蒸汽进一步凝结为水相，产生的废水含有高浓度的硫化氢和氨，称为酸性废水。一般来说，含酸废水分为酚类（含硫化氢、氨、硫醇、酚类、碳氢化合物、悬浮物和少量二氧化碳）和非酚类（含硫化氢、氨和二氧化碳）。硫化氢的存在使含酸废水毒性极大。此外，高浓度的硫化氢和氨会导致管道和内燃机腐蚀。常减压蒸馏、加氢脱硫、胺再生、催化裂化、延迟焦化、克劳斯工艺等装置会释放含酸废水。为符合环保法规，含酸废水应在排放到环境之前进行处理。精制阶段产生的含酸废水经含酸水处理装置去除污染物。首先，酸性水被送到汽提塔（一个或两个塔）以去除 H_2S 和 NH_3。酸性水汽提塔是炼油厂的重要组成部分，广泛用于处理酸性水中的 H_2S 和 NH_3。硫化氢汽提的理想 Ph<5，当 pH≥5 时，它以离子（HS^- 或 S^{2-}）形态出现。而氨汽提的适宜 pH 值为 10 以上，可避免因 NH_4^+ 的生成而不能汽提。因此，通常建议采用两级汽提器（一个用于硫化氢汽提，另一个用于氨汽提）。但两段汽提塔价格昂贵。因此，单级汽提器通常采用中等 pH 范围（约 8.0），以充分去除两种气体。汽提后的含酸废水进入预处理阶段进行酚类化合物的还原，最后送至污水主处理厂进行进一步处理。蒸汽通常用作汽提介质，可直接注入汽提塔或再沸器至汽提塔。与脱盐剂和废碱废水相比，炼油厂产生的酸水被认为是低 TDS 流。因此，对于总溶解量低的流体，通常不建议使用 API 分离器。

各种处理方法，包括化学清除剂[单乙醇胺（MEA）和 N-甲基二乙醇胺（MDEA）]、膜接触器、蒸汽汽提器、生物过滤器和 AOPs 等，已被用于处理含硫废水。每种技术都有自己的优点和缺点。例如，蒸汽汽提器更适合处理酸性水中的大规模硫化氢；然而，与蒸汽汽提相关的主要问题是能源需求大、腐蚀、起泡和渗漏。同样，再生式化学清除剂是处理含酸废水的另一种较好的选择，但其高成本阻碍了其应用。反渗透法可去除含酚酸性水中 98%的酚类、99%的 COD 和 99%的 TOC。

2.3.4 综合废水处理工艺及装置

炼油厂废水处理一般需要经过隔油、气浮和生物处理三个步骤，根据废水的性质及其处理的难易程度来选用上述各种方法，并组合最佳的处理流程，

图 2-19 是某炼油厂典型废水处理流程。

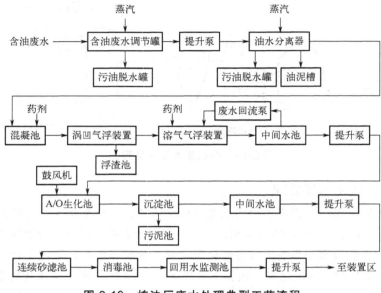

图 2-19 炼油厂废水处理典型工艺流程

2.3.5 炼化废水发展现状

废水零排放是指将废水进行深度处理后，使其水质达到或优于排放标准，实现废水的完全回收和再利用。实现废水零排放对于缓解水资源短缺、保护生态环境、推动可持续发展具有重要意义。

废水零排放是个系统工程，包括两个层次：一是采用节水工艺等措施提高用水效率，降低生产水耗，同时尽可能提高废水回用率，从而最大限度地利用水资源；二是采用高效的水处理技术，处理高浓度有机废水及含盐废水，将无法利用的高盐废水浓缩为固体或浓缩液，不再以废水的形式外排到自然水体。

2.4 废气处理实习

炼油厂废气的来源很多，其组成和性质也各不相同，需要针对性采取不同的方法加以处理。除加氢和催化等装置塔顶、锅炉、火炬等产生的废气外，当前治理的重点是挥发性有机物（VOCs）、酸性气体（H_2S、CO_2 等）。

2.4.1 VOCs 治理

2.4.1.1 VOCs 排放源

VOCs 是一类普遍存在于大气中的痕量有机化合物。VOCs 在大气中的寿命约为几小时到几十天。根据 GB 37822—2019《挥发性有机物无组织排放控制标准》，VOCs 定义为：参与大气光化学反应的有机化合物。VOCs 被认为是生成对流层臭氧（O_3）和二次有机气溶胶（SOA）的重要前体物，在对流层化学和区域环境空气质量中起着重要作用，能够引发灰霾、光化学烟雾等众多大气环境问题，挥发性有机物对人体健康也有潜在威胁，约 30% 的 VOCs 是有毒和有气味的化合物，吸入某些挥发性有机物会直接影响人体健康。VOCs 目前被视为大气污染控制的重要污染物。根据中国"十四五"规划，大气污染控制的核心目标是协调降低 O_3 和 $PM_{2.5}$ 浓度，控制 VOCs 的排放。石化企业是我国 VOCs 的重要人为排放源，达到工业源排放贡献总量的 17.9%～39.6%，如何有效控制 VOCs 的排放已经成为现阶段环境治理的热点问题。

VOCs 的主要组分主要包含了丙烷、丁烷、戊烷等低碳烷烃，丙烯、乙烯等烯烃，甲苯、二甲苯、苯为主的芳香烃，虽然组分相似，但是不同组分在 VOCs 中的占比却差别很大。石化行业的生产过程复杂而烦琐，石化行业的大气污染源通常包括生产过程、燃烧、逸散源、储存和处理以及辅助排放等。石化行业上下游之间设备和管件种类繁多，除了生产过程中的有组织排放外，通常在气体或液体阶段的原材料、中间体和最终产品等环节，来自法兰或阀门等设备泄漏的无组织排放的可能性较高，原油挥发、精炼过程和溶剂使用也会向大气中排放多种挥发性有机物，石化行业在开停工、检查维修状态下 VOCs 排放面临的挑战较大。

按照有组织排放和无组织排放的定义进行具体的分类，同时借鉴石化企业 VOCs 排放源解析现状，对 VOCs 排放源分析从源强角度出发，采用过程解析的方式，将石化企业 VOCs 排放源细分为 13 种过程，如图 2-20 所示，基本上可包含石化企业中 VOCs 排放逸散的各种过程。

① 生产装置工艺尾气的有组织排放：生产装置工艺尾气的有组织排放形式一般分为间歇性和连续性，主要受生产工艺过程限制，是一种容易监测和控制的排放源。

② 锅炉、加热炉等设施燃烧烟气：该排放源 VOCs 主要来源于生产装置中燃料燃烧设备大气污染物的排放，主要为锅炉、加热炉等。

③ 火炬燃烧烟气：石化企业内火炬燃烧烟气一般是指火炬系统的排放，主要来源于生产过程中工艺装置无法回收的工艺可燃废气、过量燃料气以及吹扫废气中的可燃气体。

④ 固体物料堆存和装卸释放：石化企业在开放环境下储存和装卸有机固体废弃物时，不仅有扬尘污染，附着或者内含挥发性物质的废弃物在阳光或者高温条件下，还有可能释放 VOCs，属于正常工况下的无组织排放。目前企业往往关注这一源项产生的扬尘污染，还未重视其中的 VOCs 排放，因此，相关研究较少，VOCs 排放量核算方法也未形成。

⑤ 生产过程工艺废气的无组织排放：主要指生产过程中废气的无组织排放，一般建议回收，但是也有一些是不易控制的，诸如延迟焦化装置冷焦、切焦过程中面源挥发的 VOCs。

⑥ 生产设备的机泵、阀门、法兰等动、静密封点：根据现场调研情况，该类排放源主要集中在生产工艺设备的动静密封点处，其排放量的多少与动静密封点的数量和设备的维护水平有着直接的关系。此类排放源 VOCs 排放是可以通过现场维护和检测修复进行控制的。

⑦ 原料、半成品、产品储存、调和过程：主要是指油品储罐的逸散和倒罐调和时产生的逸散，逸散量的多少与罐体自身的结构和储液的物理性质以及大气环境都有一定的关系，根据专家咨询情况，该类排放源产生的 VOCs 量相对较多。

⑧ 原料、产品装卸过程：主要是指产品在装车（船）过程产生的 VOCs 逸散，原料在进厂时卸车（船）时产生 VOCs 的逸散。

⑨ 废水集输、储存、处理过程：主要是指污水处理系统产生的 VOCs 逸散，在石化厂中废水集输、储存、处理过程排放的 VOCs 主要来源于事故水池、事故水罐、污水集水池、污油池、污油罐、沉淀池、污泥池等敞开式的沟/渠、池/罐。

⑩ 采样过程：主要是指在采样操作时的逸散排放，可通过密闭采样达到控制 VOCs 排放的目的。

⑪ 冷却塔、循环水冷却系统：该部分为无组织排放，当设备密封损坏时，生产物料会和冷却水直接接触，冷却水 将物料带出。

⑫ 开停工、检维修过程（非正常工况）：该部分产生的 VOCs 量比较少，主要集中在检维修和开停工时设备与管线的吹扫，一般通过加强管理，减少开停工、检维修频次减控。

⑬ 事故排放生产装置一旦发生泄漏、火灾、爆炸等事故，各种物料可能直接排放至大气，瞬间释放大量 VOCs。事故排放 VOCs 主要受事故类型、规模、持续时间、应急措施和气象条件等因素影响。

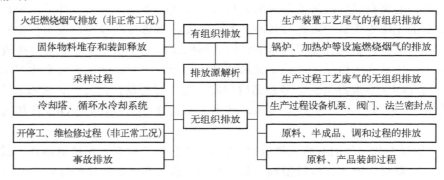

图 2-20　石化企业 VOCs 排放源解析

2.4.1.2　废气处理工艺技术

随着经济发展、能源产业结构调整，石化行业污染物排放将在未来受到越来越多的关注。目前，我国已陆续出台一系列政策法规，加强工业污染治理。例如，我国在 2013 年发布了《大气污染防治行动计划》，在 2018 年发布《打赢蓝天保卫战三年行动计划》和《关于深入打好污染防治攻坚战的意见》，将石化、汽油储运等列为重点行业，颁布实施了 VOCs 泄漏检测与修复标准（LDAR）和技术指南，不断推进重点行业 VOCs 治理水平。2020 年，生态环境部发布了《2020 年挥发性有机物治理攻坚方案》，指出石油化工、工业涂料等是重点整治对象，需要低（无）VOCs 含量的原辅材料替代，加强对无组织工艺排放的收集，并深入处理末端排放，挥发性有机物总排放量比 2015 年减少 10%以上。

同期各地政府也出台了相关政策文件，对地方重点企业和重点行业提出了具体处理方案。一方面，末端处理的问题已经从处理设施是否存在，逐渐演变为处理设施是否工作。另一方面，过去的末端治理已被全过程治理所取代，包括减少源排放、加强污染物收集，以及对末端排放的深度处理。在大力推进石化行业挥发性有机物污染治理的情况下，企业已经开始越来越重视 VOCs 管控技术的发展和应用。

石化企业中 VOCs 主要逸散源分布在装置区、储罐、污水处理厂和装卸区域，其 VOCs 的排放量占总 VOCs 排放量的 90% 以上，故而这四类排放源应作为防控管理的重点关注区域。

2.4.1.3　VOCs 源头控制措施

（1）储油罐采用浮顶罐

储罐呼吸损耗是储罐源 VOCs 的主要来源，可分为大呼吸和小呼吸两类。大呼吸是指油料装卸期间，罐内液位变化导致罐内气相压力上升，当压力超过呼吸阀设定值时排出油气混合气体，小呼吸存在于静态存储时，由于环境温差引起罐内气体周期性变化，通过呼吸阀完成气体排放与空气补偿。

浮顶油罐的液面全部为浮顶所覆盖，没有气体空间，油品温差变化小，油品大小呼吸损耗能大幅度减少。有关资料表明，内浮顶油罐和拱顶油罐相比，油品蒸发损耗减少，而且拱顶罐改建内浮顶罐，投资回收期短，大多在一年内即可回收全部投资。

（2）油罐温度降低措施

① 在储油罐外部适当的位置安装水喷淋系统，降低储油罐罐体自身的温度，避免因罐体自身温度升高导致油气蒸发损耗。喷淋冷却操作简单但是容易造成罐体防腐层破坏，因此也要做好防腐工作。

② 罐体表面选用浅色防腐涂料。浅色的防腐涂料颜色可以发射光线，减少罐体对热量的吸收。

③ 在油罐罐顶和罐壁安装隔热层。

（3）增设油罐附件

① 在罐体表面安装自动脱水器，降低因人工脱水造成的油气损耗。

② 在罐体呼吸阀下方设置呼吸阀挡板。这是一种投资少、易安装的简易降耗方法。未安装呼吸阀挡板的油罐，在液位较高时，吸入的空气流有可能直接冲击液面上部的大浓度层，从而削弱大浓度层对油品蒸发的抑制作用，加速油品蒸发。根据调查，相对于不安装呼吸阀挡板，安装有呼吸阀挡板的油罐油品蒸发损耗降低 20%～30%。

（4）建设初期选用承压能力高的油罐

承压能力高的油罐可明显降低油品大小呼吸损耗，当储罐压力在 14700Pa 以上时，可基本上消除小呼吸，同时也会大大减少大呼吸损耗。

（5）改善操作条件

① 采用"泵到泵"输油方式，实现长距离密闭输油，消除各站的呼吸损失。

② 实现自动控制，进行密闭检尺。

③ 输送量要均衡，减少中间站油罐液位大的波动。

（6）保证有足够数量的储罐

降低储罐因数量上缺少而频繁倒罐引起的损耗；充分利用油罐的空间，通过减少油罐空隙以降低油品的蒸发。

2.4.1.4　VOCs 末端治理

在油品储存环节中所产生的都是高浓度的油气，常规的管控技术对于控制挥发性有机物的逸散效果已渐渐达不到要求。但是如果不对其进行回收，会对局部环境产生较大的影响，同时也会造成资源浪费。20世纪初，随着对油气逸散认识的不断加深，工业发达国家展开了对油气回收技术的研究，一些石化企业安装了油气回收装置，并很好地控制了油气的排放，降低了油气损耗。当前国内外常用的油气回收技术主要有吸附法、冷凝法、吸收法以及膜分离法。

（1）吸收法油气回收技术

根据油气中各组分在吸收剂中的溶解度不同，进行油气和空气的分离。该技术的关键就是吸收剂的选择，也是当前吸收法研究的重点，合适的吸收剂对油气回收可以起到事半功倍的效果。该技术的优势主要体现在处理高浓度、大流量的油气上，投资成本低，维修方便；其缺点主要为处理后的油气浓度偏高，很难达到直接排放标准，若要通过该方法控制较低的油气排放浓度，会导致成本剧增。

图2-21是以有机溶剂作吸收剂的油气回收具体过程。

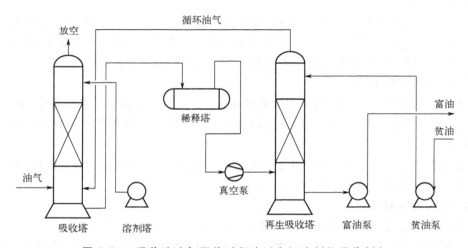

图2-21 吸收法油气回收过程（以有机溶剂作吸收剂）

（2）吸附法油气回收技术

利用吸附剂对油气中各组分和空气不同的吸附亲和程度进行分离，主要分离回收油气中的烃类组分和空气，实现对烃类组分的选择回收。吸附剂通常选择活性炭。吸附法油气回收技术优点为吸附效果明显，适合回收进口浓度低的油气；缺点是不易直接吸附浓度较大的油气，若直接吸附浓度大的油气，吸附材料会很快达到饱和，影响吸附剂的吸附能力，甚至会产生安全问题。

图2-22是以活性炭作吸附剂的油气回收具体过程。

（3）冷凝法油气回收技术

将油气降温，在一定低温条件下油气分子聚集凝结成液体，从而实现对挥发性油气的回收。该技术一般分为直接冷凝法和加压冷凝法。直接冷凝法是将油气逐级冷却后实现对油气的回收；加压冷凝法是将油气在逐级冷却前，逐级加压实现对油气的回收。冷凝法的优点是对油气的回收率在80%以上，价格也相对较低；缺点为其制冷系统复杂且能耗高。图2-23是冷凝法油气回收的具体过程。

（4）膜分离油气回收技术

利用高分子膜在一定压力下对油气具有选择透过性的特点，油气和空气混合气在压差推

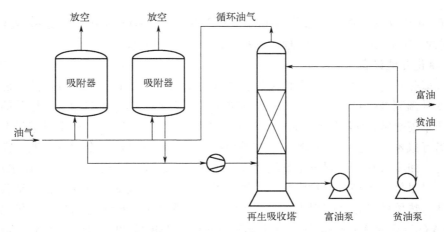

图 2-22　活性炭吸附法油气回收过程

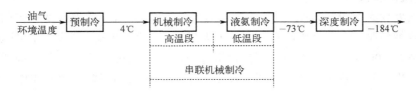

图 2-23　冷凝法油气回收过程

动下，经过膜的"过滤"，油气分子有限透过，而空气分子被截留。一般用于气体分离的高分子聚合物膜分为玻璃态和橡胶态两种，其渗透过程遵循溶解扩散原理，即气体在聚合物膜上的渗透系数由溶解度系数和扩散系数决定。在玻璃态的聚合物如聚砜、聚酰亚胺、聚醚酰亚胺、聚丙烯腈或聚偏氟乙烯等中，气体的扩散过程是控制因素；在橡胶态的聚合物如硅橡胶、氟橡胶等中，气体的溶解过程是控制因素。

目前，商业化的 VOCs 膜组件有螺旋卷式膜组件和叠片式膜组件两种。叠片式膜组件中的金属隔板将叠放的膜袋分成不等的若干部分，可以有效控制原料。叠片式膜组件主要适用于常压或者低压和爆炸性 VOCs 气体的回收和达标排放。在分离过程中跨越爆炸极限的现象基本发生在膜组件内部，故叠片式膜组件的结构符合安全防爆的设计要求。

2.4.1.5　废气处理主要设备

（1）吸收设备

吸收法是选择与油气中的有机烃有良好亲和性的吸收剂与有机烃结合从而把有机烃从废气中分离，VOCs 气体吸收剂可选用水基吸收剂、油基吸收剂、碱液等，例如：醛、醇气体可用水吸收，汽油油气、炼油厂含硫油气等可用低温柴油吸收，有机酸气体可用碱液吸收。常用的吸收设备有填料塔、板式塔、喷淋塔、文丘里洗涤器等。

洗涤塔是一种新型的气体净化处理设备，广泛应用于工业废气净化、除尘、除油等方面，其主要特点是反应速度快、操作简单、建设成本低、适用性强、净化效果很好。原理主要是将气体通入含喷淋系统的洗涤塔中，然后气体经过填料床的均匀分布，与洗涤液充分接触，利用气体中污染物的溶解性或化学性质，将气体中的污染物吸收或通过化学反应去除，达到气体净化的目的。应用于石油化工行业的洗涤塔主要为油洗塔。油洗塔是乙烯装置热回收区的关键核心设备,可以将来自裂解气中的重油、轻油组分进行冷凝处理,最大程度地实现热量回收。

(2)氧化处理设备

蓄热式氧化炉(RTO)中,有机废气首先经过蓄热室预热到一定温度,然后进入氧化燃烧室,加热升温到850℃以上,废气中的 VOCs 氧化分解成 CO_2 和 H_2O,氧化后的高温气体再通过另一个蓄热室,将热量储存起来,用来预热新进入的废气。通过此举可节省燃料消耗,降低装置运行成本。三室蓄热式氧化炉装置包括热解与烟气排放两个部分。通过在一定周期内切换阀门,回收余热,达到净化节能效果。在热破坏法 VOCs 气体处理方面,RTO 有广泛应用,几乎可以处理各种有机物废气,处理气量大,适用浓度低,可处理含少量灰尘和固体颗粒的气体,热效率可达 95% 以上,废气 VOCs 浓度为 $1.5\sim5g/m^3$ 即可实现自供热操作,多数 RTO 的 VOCs 去除率>99%,净化气中非甲烷总烃(NMCH)可小于 $20mg/m^3$。RTO 的缺点是常压操作、占地面积大,有频繁切换阀组或旋转气流分布器。

(3)冷凝回收设备

为求废气处理系统投资较低,保持原生产装置的不密闭性,不需要改变原来的操作方式,只需增设 1 台抽气泵、2~3 个吸收罐、1~2 个吸附罐、连接管线及必要的阀门即可(图 2-24)。由于单釜产量在 10t 以下,产生的有害气体数量有限,所以可考虑不设吸收剂循环泵和喷淋设施、前期一次装入吸收剂、废气从吸收罐下部进入与吸收剂接触的流程操作。

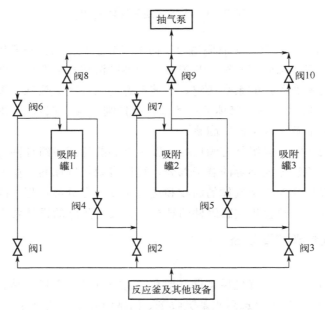

图 2-24 冷凝法回收技术示意图

2.4.2 硫黄回收

炼油厂加氢精制、加氢裂化和催化裂化装置的酸性气体中都含有硫化氢,当加工含硫原油时,其含量更高。从炼油厂酸性气中回收硫黄主要采用克劳斯法(Claus process),其反应包括高温热反应[式(2-1),式(2-2)]和低温催化反应[式(2-3)]。

$$2H_2S + O_2 \rightleftharpoons 2H_2O + \frac{2}{x}S_x \qquad (2\text{-}1)$$

$$2H_2S + 3O_2 \rightleftharpoons 2H_2O + 2SO_2 \qquad (2\text{-}2)$$

$$SO_2 + 2H_2 \rightleftharpoons \frac{1}{x}S_x + 2H_2O \qquad (2\text{-}3)$$

根据硫化氢含量的高低，克劳斯法有部分燃烧法、分流法和直接氧化法，目前多使用部分燃烧法。自脱硫装置来的酸性气与适量空气在焚烧炉内进行部分燃烧，发生高温热反应，空气的量仅够酸性气体中 1/3 硫化氢氧化成 SO_2，然后 SO_2 与未氧化的硫化氢一起进入转化器，发生低温催化反应，对于硫化氢的部分焚烧反应，通入焚烧炉的空气量需要严格控制，这是克劳斯法的操作关键。

图 2-25 是典型的炼油厂硫黄回收工艺，自转化器出来的反应物经冷却，即可得到硫黄。为了提高硫黄的回收率，还可以设置三级、四级甚至更多的转化器。催化转化级数越多，总转化率也越高，最高可达 99.8%。

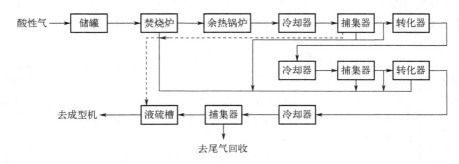

图 2-25　硫黄回收流程

酸性气中的硫化氢浓度、杂质、空气与酸性气之比、硫化氢与二氧化硫之比、反应温度与空速等因素，都会影响克劳斯法的反应过程。

2.4.3　CO₂捕集回收

炼油厂的酸性气体中除硫化氢外，CO_2 含量较高，具有较好的回收利用价值。将燃煤电厂、煤化工等企业排放的烟气中低分压的 CO_2 捕集纯化出来，并进行压缩、干燥等处理后，通过管道或罐车等方式输送至 CO_2 驱油封存区块；通过 CO_2 注入系统将 CO_2 注入至地下，有效提高油田采收率的同时，实现 CO_2 地下封存。

CO_2 捕集方法包括化学吸收、物理吸附、膜分离、深冷分离等方法，化学吸收和物理吸附方法相对成熟。图 2-26 是一种典型的化学吸收工艺流程。

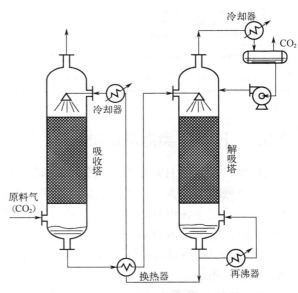

图 2-26　乙醇胺水溶液吸收 CO_2 流程

2.5 固废处理实习

炼油厂的固体废弃物主要来自生产工艺本身及污水处理设施，除活性污泥外，常见的危险废物有 HW06 类废有机溶剂与含有机溶剂废物、HW08 类废矿物油与含矿物油废物、HW09 类油/水、烃/水混合物或乳化液、HW11 精（蒸）馏残渣、HW12 类染料、涂料废物、HW13 类有机树脂类废物、HW29 类含汞废物、HW35 类废碱、HW36 类石棉废物、HW49 类其他废物、HW50 类废催化剂等，产生量最大的是 HW08、HW11、HW50 三大类。

2.5.1 HW08 类危险废物处理

根据《国家危险废物名录（2025 年版）》，精炼石油产品制造过程中，产生 9 种 HW08 类危险废物（见表 2-6），其中，251-001-08 产生量最多，其处理方法在第 3 章中介绍。

表 2-6 炼油厂 HW08 类危险废物分类

废物代码	危险废物	危险特性
251-001-08	清洗矿物油储存、输送设施过程中产生的油/水和烃/水混合物	毒性
251-002-08	石油初炼过程中储存设施、油-水-固态物质分离器、积水槽、沟渠及其他输送管道、污水池、雨水收集管道产生的含油污泥	毒性，易燃性
251-003-08	石油炼制过程中含油废水隔油、气浮、沉淀等处理过程中产生的浮油、浮渣和污泥（不包括废水生化处理污泥）	毒性
251-004-08	石油炼制过程中溶气浮选工艺产生的浮渣	毒性，易燃性
251-005-08	石油炼制过程中产生的溢出废油或乳剂	毒性，易燃性
251-006-08	石油炼制换热器管束清洗过程中产生的含油污泥	毒性
251-010-08	石油炼制过程中澄清油浆槽底沉积物	毒性，易燃性
251-011-08	石油炼制过程中进油管路过滤或分离装置产生的残渣	毒性，易燃性
251-012-08	石油炼制过程中产生的废过滤介质	毒性

2.5.2 HW11 类危险废物处理

炼油厂产生的 HW11 类精（蒸）馏残渣主要指石油精炼过程中产生的酸焦油和其他焦油。目前这类残渣多作为下游工艺的原料，基于不同组分在不同温度下沸点差异，在高温高压的条件下，残渣中各组分按其沸点的高低进行分离，通过逐级降温和分馏的方式，可以分离出不同的产品。常见流程如下：

① 预处理：将原油残渣进行预处理，包括去除杂质、降低黏度等。这一步骤可以提高后续处理的效果。

② 加热：将预处理后的原油残渣加热至高温高压状态，以便进行蒸馏分离。

③ 分馏：在高温高压条件下，原油残渣中的不同组分会按照其沸点的高低进行分离。通过逐级降温和分馏的方式，可以得到不同的产品。

④ 冷却：将分离出的产品进行冷却处理，以便进一步提取有用的组分。

⑤ 分离：根据产品的性质和用途，对冷却后的产物进行进一步的分离和提纯。

⑥ 废物处理：对于无法再利用的废物，进行环保处理，以减少对环境的影响。

2.5.3　HW50 类危险废物处理

含油贵稀金属的废催化剂一般由催化剂生产厂回收、再生利用。炼油厂主要在加氢精制、催化裂化和催化重整过程中产生废催化剂，见表 2-7。

表 2-7　炼油厂 HW50 类危险废物分类

废物代码	危险废物	危险特性
251-016-50	石油产品加氢精制过程中产生的废催化剂	毒性
251-017-50	石油炼制中采用钝镍剂进行催化裂化产生的废催化剂	毒性
251-018-50	石油产品加氢裂化过程中产生的废催化剂	毒性
251-019-50	石油产品催化重整过程中产生的废催化剂	毒性

资料显示，废裂化催化剂表面可能沉积有 Ni、V、Fe 等重金属，少量的 Na、Mg、P、Ca、As、Cu 等元素也会沉积在废催化剂上。另外，为了使沉积在催化剂上的重金属活性受到抑制，通常会向系统中加入一定量的钝化剂，而钝化剂中含有 Sb，也是一种有毒物质。废加氢精制催化剂上会有 Ni 和 V 等金属沉积，根据进料的不同，As、Fe、Ca、Na 及黏土等杂质也会沉积在催化剂上使其活性降低甚至失活。因催化重整工艺对原料的要求很严格，故其废催化剂中有毒有害成分很少，废催化剂表面以积炭居多，由于装置运转时间较长，原油中的硫、氮、金属等也会在催化剂表面累积。

常见的催化剂回收方法有干法、湿法和离子交换法等。

干法一般是将废催化剂与还原剂及助熔剂一起，通过高温加热炉加热熔融，使废催化剂中的活性金属组分经还原熔融成金属或合金状回收，再作为合金或合金钢原材料。而废催化剂中的载体则与助熔剂形成炉渣，废弃处理。干法通常包括氧化焙烧法、升华法和氯化挥发法。此法不用水，故称为干法。$CoO\text{-}MoO_3/Al_2O_3$、$NiOMoO_3/Al_2O_3$ 和 W-Ni 等催化剂均可用此法回收。

湿法是用强酸、强碱或其他溶剂溶解废催化剂的主要金属组成，再将含有主要金属的溶液进行过滤，将液固分离。经分离，可得到难溶于水的盐类硫化物或金属的氢氧化物；干燥后，按需要再进一步加工成所需产品。采用湿法处理废催化剂时，其载体基本以不溶残渣形式存在。在无适当的处理方法时，这些大量固体不溶残渣会对环境造成二次污染。若固体不溶残渣中仍含有废催化剂的活性金属组分，也可以再用干法还原残渣。加氢废催化剂通常都可以采用湿法回收，先经过抽提或干馏，对失活性的加氢废催化剂去油脂处理，再将加氢废催化剂中的主要活性金属组分溶解，然后通过萃取和反萃取或阴阳离子交换树脂吸附法的方法将浸取液中含有的不同活性金属组分分离和提纯。

在加氢催化剂中，钼、镍和钴等活性金属主要用于石油炼制的 Co-Mo/Al$_2$O$_3$ 系加氢脱硫催化剂和 Co-Mo/Al$_2$O$_3$ 系加氢脱氮催化剂等。日本伊努化学公司宫崎工厂采用离子交换与溶剂萃取相结合，从废催化剂中分离出 Al$_2$O$_3$，然后以氧化钼和氯化钴形式回收钴钼。该法工艺较复杂，但回收的产品纯度较高，可作化学试剂原料。近年来采用磁分离技术、化学复活技术等对催化裂化废催化剂进行处理后，可以提高催化剂的回收再利用效率。

 实习讨论与考核

（1）什么是石油炼制？

（2）炼化"三废"主要指什么？主要从哪些区域产生？

（3）石油炼制项目包括哪些过程？

（4）炼油炼制项目涉及哪些原料和产品？这些物料性质如何？

（5）炼油炼制项目会产生哪些污染物？

（6）炼油炼制项目如何进行安全与环保的控制？

（7）炼油炼制项目生产工艺系统中通常有哪些与之配套的环保设施？

（8）炼油炼制项目产生的废气通常如何处理？

（9）炼油炼制项目产生的废水通常如何处理？

（10）炼油炼制项目产生的固体废物通常如何处理？

第3章

含油污泥处置企业实习

3.1 企业简介

　　某企业成立于 2016 年 1 月，占地 120 余万平方米，是一家集环境治理、科研及生态产业发展于一体的高科技环保企业，重点从事石油工业含油废弃物、含油污泥废液及市政废弃物的无害化处理和资源再利用。包括含油污泥、含油废液、黏油废弃物、废矿物油、废弃轮胎及其他废弃物的收集运输、贮存处置。

　　该企业鸟瞰图如图 3-1 所示，现有含油废弃物热解生产线处理装置 32 套，水-助溶剂加热萃取工艺处理装置 1 套，含油废液处理装置 1 套；含油废弃物年处置规模 188 万吨，危险废物设计贮存能力达 474 万立方米。

图 3-1　实习企业含油污泥热解车间鸟瞰图

3.2 含油污泥的来源和理化特征

含油污泥广泛意义上指黏附了原油、矿物油等各种油品的泥土或油、水、泥/砂等多相混合物，涵盖了原油钻采、炼制及石油化工产品应用全过程。行业上含油污泥指原油开采、集输和炼制等过程中产生的油、水与泥土等混合形成的非均质多相分散体系，包括落地油、联合站沉降罐底泥、含油废水处理过程产生的油泥等。

含油污泥的组分差异非常大，其分类较为困难，为了便于安全管理、无害化处置和资源化利用，侧重某种特性而进行了粗略分类。按物理状态可分为液态、半固态、固态；按石油石化不同工艺过程可分为钻井、采油、集输、炼化、应用等过程中产生的含油污泥；根据含油率大小可分为不同含油量的含油污泥；根据油品及组分不同又可以分为凝析油含油污泥、重质油含油污泥、矿物油含油污泥等。《危险废物环境管理指南　陆上石油天然气开采》根据管理分类或指标控制的需要定义含油污泥不包括废弃油基钻井泥浆和油基岩屑，而 SY/T 7301—2016《陆上石油天然气开采含油污泥资源化综合利用及污染控制技术要求》恰好相反。

《国家危险废物名录（2025 年版）》综合考虑了不同行业、产生环节来源、理化特性及主要污染特征等因素，对含油污泥进行了分类，将广泛意义上的含油污泥列入了 HW08 废矿物油与含矿物油废物（见表 3-1）。不同来源的含油污泥尽管有相似的危险特性，但理化性能差异较大。

表 3-1　含油污泥的常用来源和种类

行业来源	废物代码	危险废物	危险特性
石油开采	071-001-08	石油开采和联合站贮存产生的油泥和油脚	T、I
	072-002-08	以矿物油为连续相配制钻井泥浆用于石油开采所产生的钻井岩屑和废弃钻井泥浆	T
天然气开采	072-001-08	以矿物油为连续相配制钻井泥浆用于天然气开采所产生的钻井岩屑和废弃钻井泥浆	T
精炼石油产品制造		见表 2-6	
非特定行业	900-199-08	内燃机、汽车、轮船等集中拆解过程产生的废矿物油及油泥	T，I
	900-200-08	珩磨、研磨、打磨过程产生的废矿物油及油泥	T，I
	900-210-08	含油废水处理中隔油、气浮、沉淀等过程中产生的浮油、浮渣和污泥（不包括废水生化处理污泥）	T，I
	900-213-08	废矿物油再生净化过程中产生的沉淀残渣、过滤残渣、废过滤吸附介质	T，I
	900-215-08	废矿物油裂解再生过程中产生的裂解残渣	T，I
	900-221-08	废燃料油及燃料油储存过程中产生的油泥	T，I

注：T 表示有毒性（toxicity）；I 表示易燃性（ignitability）。

从含油污泥中油资源化回收、理化性能等方面，以及含油污泥处理后污染控制指标等方面综合考虑处理工艺和方法，一般将含油污泥的来源划分为四大类，即：石油钻采、炼制、储运过程及其他来源。

3.2.1 石油钻采过程中产生的含油污泥

石油钻采过程危险废物产生环节有钻井、井下作业、场地清理、采油、集输与处理等，产生的危险废物主要为油基岩屑、废弃油基钻井液、落地油泥、联合站污水处理含油污泥、储油罐底泥等。

3.2.1.1 油基岩屑

油基岩屑指采用油基钻井液钻井过程中产生的黏附油、油基钻井液的岩屑。油基钻井液配制中以基础油为连续相（也称为外相），添加体积比 5%～30% 的盐水作为分散相（也称为内相）形成油包水乳状液，当前基础油主要为柴油、白油和其他合成油。油基岩屑在钻速较快时，主要呈固态[图 3-2（a）]，固相组分以地层岩石为主，含水率为 5%～10%，含油率为 5%～10%；钻速较慢时，主要呈半固态[图 3-2（b）]，含水率为 5%～20%，含油率为 5%～20%。

(a)钻进速度较快   (b)钻进速度较慢

图 3-2 油基岩屑

3.2.1.2 废弃油基钻井液

钻井液被称为"钻井的血液"，在钻井过程中主要起到冷却和润滑钻头、携带岩屑、稳定井壁、录取地层信息等作用，一般配制好的钻井液置于循环罐中，通过钻井液循环泵经高压水龙带注入钻杆的内部，由钻杆底端连接的钻头水眼喷出，从钻杆外壁与井壁之间的环空上返至井口导管，导管出口设有固液分离设备，固相即为岩屑，液相返回钻井液循环罐，参与下一轮循环。油基钻井液在井下高温、高压及钻头水眼处高速剪切作用等复杂影响下，可能发生油结构变化、钻井助剂降解、亚微级岩屑混入等破坏，当性能无法达到要求指标且难以通过添加处理剂恢复性能时，就成为了废弃油基钻井液。

废弃油基钻井液多呈液态、半固态或明显的固液分层状态（图 3-3），含水率差异较大，未受到水侵污染的废弃钻井液的含水率约为 5%～30%，含油率可达 50% 以上。废弃油基钻井液中的固相组分主要为有机膨润土（膨润土改性后的亲油胶体）、亚微级岩屑、加重材料（$BaSO_4$）等，粒径小于 74μm，呈相对稳定的悬浮液状态。

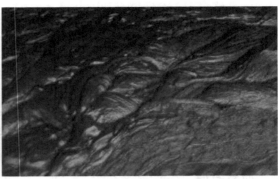

(a)液态   (b)半固态

图 3-3　废弃油基钻井液

3.2.1.3　落地油泥

钻采过程中的落地油泥主要指原油开采、运输等过程中发生泄漏、洒落污染的含油土壤，主要呈固态，固相组分以地表土壤为主，原油分布不均匀（图 3-4），平均含油率为 2%～20% 不等，少量富集区域可能出现原油堆积。

图 3-4　落地油泥

3.2.1.4　油气集输过程中的含油污泥

集输过程中原油和污水处理的沉降罐、油水分离罐、原油储罐、除油罐、调储罐、反应罐、过滤缓冲罐、过滤器等罐底沉降和油水分离等各节点产生了大量未经过浓缩和脱水除油、含液率高的浮渣或沉淀物，是油气田新增含油污泥的主要来源。这类含油污泥是含有大量无机物、絮状体的复杂多相稳定乳化胶体体系，界面活性和乳化能力均较强。根据其产生环节和理化性能差异主要分为联合站污水处理油泥、浮渣、罐底泥等。

（1）联合站污水处理油泥

联合站污水处理油泥指污水处理时固液分离后的固相（图 3-5），主要包括污水中的悬浮物、污水处理药剂残余和污水处理药剂反应新增的固体，固相中 ζ 电位高，含水率高（平均60%～90%），呈半固态。

图 3-5　联合站污水处理时经固液分离设备分离后的固态油泥

（2）联合站罐底排放油泥

蒸汽、注水等增油开采方式开采出的原油含水率高、地层泥沙含量也高，进入联合站原油或污水沉降罐，定期排出部分底部沉淀物（图 3-6），即含油污泥，这部分含油污泥呈液态，含水率（平均＞80%）高，产生量大，是对危险废物了解较少时对于含油污泥的主要特征认识和印象实物。

图 3-6　联合站定期排放的罐底底泥

（3）清罐罐底油泥

各种作用的原油或含有原油的储罐、沉降罐、过滤罐等，需要停工清理时，罐底非定期排放口以外区域的沉淀物，被称为清罐罐底油泥（图 3-7），含油率高。由于原油的复杂特性，不同功能的罐产生的清罐油泥特性差异也较大，例如：原油沉降、破乳及储油过程中产生的罐底油泥，主要组分来自于原油开采过程中储层中的泥沙，砂岩含量高，具有密度高、粒径相对于悬浮物较大等特点，原油黏附于颗粒表面并可能存在包裹等特点；原油沉降、破乳及储油过程中产生的罐体表层的浮渣，主要为原油及絮体，是碱度过高或铁细菌等微生物导致，含油率非常高，密度低，与原油混合；污水处理过程中缓冲罐、反应罐、过滤罐等产生的罐底油泥，主要组分来源于污水中经水处理药剂絮凝、沉降作用后的悬浮物，含聚合物、含水率高、呈絮体状、松散、ζ电位高。从原油的四组分上看，原油储罐清罐罐底油泥的沥青质、胶质含量相对较高，乳化程度高，含油率可达40%以上。

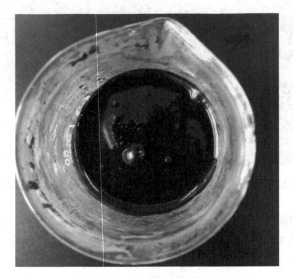

图 3-7　联合站清罐罐底油泥

3.2.1.5　罐顶浮渣

污水处理过程中缓冲罐、反应罐、过滤罐等产生的罐体表层的浮渣，主要组分为油水乳状液、聚合物絮体、碱度过高等引起的 CO_2 气泡等，呈水包油状态，内部固相颗粒粒径小。原油沉淀罐顶部可能也有浮渣，以不定形状态存在，颗粒多孔、质轻、松软，吸附性较强，易悬浮于液体表面（图 3-8）。

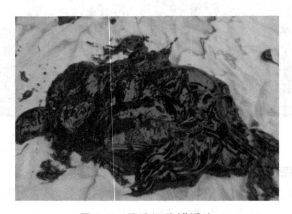

图 3-8　原油沉降罐浮渣

3.2.2　石油炼制过程中产生的含油污泥

石油是非常复杂的烃类与非烃类化合物组成的混合物，结构多样，理化性能差异大，不能直接作为产品，需要通过分离、反应等炼制方法，得到燃料油（煤油、柴油、汽油）、润滑油、化工材料（乙烯的裂解原料）等各种系列产品。石油炼制过程主要包括蒸馏、热加工、催化裂化、催化加氢、催化重整、高辛烷值组分的合成、溶剂分离、产品精制等。石油炼制过程中含油污泥主要指"三泥"（即池底泥、浮渣、剩余活性污泥），是炼油厂产生量最大的固体废物，主要来自于污水处理环节，组分极为复杂，呈深黑色（图3-9），含水率＞65%，含油率＜5%，含少量催化剂、氢氧化铝、硫化亚铁等组分。

图 3-9　炼油厂污水处理产生的含油污泥

废白土（图3-10）是油品精制过程中产生的一种新的含油污泥（危废代码 900-213-08）。白土精制包括渗滤法和接触法。渗滤法常用于汽油、煤油、柴油等轻质组分和变压器油的精制。目前接触法应用广泛，是各种润滑油的最后精制环节，将白土和油混成泥浆状，通过加热到一定温度，在某一时间条件下，滤出精制油，剩余黏附有油无法继续使用的白土称为废白土。废白土的含油率高，可达30%以上，固相颗粒细腻均匀，且因白土具有较好的黏附性能、比表面积大，油与白土吸附稳定。

图 3-10　炼油厂废白土

3.2.3　不同生产来源含油污泥中油、水、固含量

不同生产环节产生的含油污泥，油、水、固三相含量差异较大，同一个生产环节产生的含油污泥在不同条件下，三相含量可能也有较大差异。三相含量（质量分数）常见范围见表3-2，根据不同的油、水、固相含量，可以初步筛选对应的预处理、处置工艺和装备。

表 3-2　不同生产来源含油污泥中油、水、固含量一般范围

生产来源	分类	含水率/%	含油率/%	含固率/%
石油钻采	油基岩屑	5～20	5～20	60～90
	废弃油基钻井液	5～30	50～85	10～30
	落地油泥	<10	2～20	70～88
油气集输	污水处理底泥	65～90	5～10	5～25
	浮渣	70～80	10～30	10～20
	污水罐底、池底泥	70～90	5～30	2～10
石油炼制	污水处理底泥	80～90	2～5	5～18
	废白土	<5	10～30	65～90
其他	落地油泥	<10	2～20	70～88
	油罐罐底泥	5～40	>40	10～30

3.2.4　石油类产品应用过程中产生的含油污泥

石油类产品常用为汽油、柴油和润滑油类，产生的含油污泥又被称为石油烃污染土壤，主要来自于石油类产品生产、加工、储存、应用等场地跑冒滴漏污染。这类含油污泥多呈固态，与落地油泥理化性能较为相似，只是污染物为对应的石油类产品。

3.3　含油污泥常用处理技术简介

3.3.1　含油污泥处置后残渣含油率管控要求

目前国内外没有统一的含油污泥处置后环保达标标准，但核心环保管控指标中都有石油烃（TPH）含量或含油率，美国、加拿大等国家不同地区含油污泥处置后残渣中 TPH 含量要求也不一样，一般范围为 0.5%～5.5%。国内目前黑龙江、陕西、新疆等地方标准要求含油污泥处置后残渣综合利用前含油率不高于 2%，SY/T 7301—2016《陆上石油天然气开采含油污泥资源化综合利用及污染控制技术要求》中规定，含油污泥经处理后剩余固相中的 TPH 总量应不大于 2%，处理后剩余固相宜用于铺设井路、铺垫井场基础材料；禁止农用。

3.3.2　含油污泥常用处理技术

含油污泥的处理根据不同目的按照减量化、无害化、资源化（简称"三化"）原则进行处理（表 3-3）。在含油污泥产生环节的源头，通过物理、化学、生物及其耦合等方法改变含油污泥界面与胶结稳定性、水及油的存在状态，可以降低其含液率和体积，实现危险废物源头减量化，有效降低危险废物的产生量，方法主要包括沉降法、调制机械分离法、热化学清洗、

电化学破乳，超声波清洗也常被用到。对于含油率低于5%的含油污泥，通过物理、化学、生物及其耦合等方法降低残渣含油率达到标准，络合固定重金属等危害因子，限制污染物在大气、土壤和水中迁移以实现无害化，主要包括焚烧、水泥窑协同处置、微生物处理和安全填埋等方法。石油资源宝贵，在低碳和节约型社会建设的今天，对含油率高的含油污泥，提倡回收含油污泥中的油。这种资源化处理方式主要包括热化学萃取、热脱附（热解析、热裂解）、超临界（水、CO_2）萃取等。工业化应用过程中，从经济效益、环保达标等综合因素考虑三化原则，各种处理方法没有绝对的划分，很多方法具有兼顾的作用。

表 3-3　常见含油污泥处理技术

序号	处置技术	主要原理	特点	处理效率影响因素	工业化现状或适用工况
1	热化学清洗	主要采用碱、表面活性剂等清洗剂，使油相从固体颗粒表面脱除	回收油、易操作、能耗低、成本相对较低	清洗剂种类和浓度、热洗温度、热洗时间、搅拌速度、液固比等	应用普遍，部分含油污泥难以稳定达标，目前多用于预处理或减量化
2	热（溶剂）萃取	利用"相似相溶"原理，添加丙酮、120#溶剂油等萃取剂	回收油，残渣达标	萃取剂种类、浓度，萃取温度、时间及萃取次数等	工业化较成熟，但萃取药剂费用高，潜在二次污染风险
3	调质-机械分离	通过破乳、破稳及絮凝等方法改变油泥状态，提升机械固液分离效率	回收油，成本相对较低	药剂种类、剂量，机械参数等	应用普遍，残渣含油、含水仍较高，适用于含油污水处理过程中的减量化
4	热脱附（热解）	将油热馏或部分裂解成小分子有机物后从固体分离	回收油，残渣含油率低，能耗和成本高	加热温度、时间等	工业化成熟，需配套预处理，进料有理化特性要求
5	焚烧	含油污泥中油组分被高温氧化分解	高热值，残渣含油率低	掺混量、油水含量等	工业化成熟，部分区域禁止建设
6	填埋	稳定化后置于安全限制区域内	终端处置方法	—	一般要求污泥含油率<5%、含水率<50%
7	生物（微生物）	油作为微生物营养物质被微生物吸收，微生物最终氧化分解成CO_2、CH_4、N_2等	环境友好，无二次污染，周期长，处理工况要求相对高	微生物种类、投加量及环境温度、湿度等	已工业化，适用于石油烃污染土壤的修复
8	电化学处理	电氧化、电破乳、电絮凝等	破乳、破稳效果好，要求为液态	极板、电流等	可用于含油污泥深度脱水或减量化
9	超声波	空化效应，强烈振动使微小气泡破裂	加速破乳，需要药剂辅助	频率等	多与清洗、萃取等技术耦合应用
10	超临界（水、CO_2）	超临界水生成自由基氧化分解；超临界CO_2萃取作用	回收油，高效，无二次污染，能耗相对较高	反应温度、压力、停留时间等	适用于含油率较高的含油污泥
11	水泥窑协同	煅烧过程中与水泥组分矿物质反应	资源化方法	掺混比、热值等	已有应用，处理规模有待提升

3.3.2.1　热脱附工艺设备分类

当前，依据热脱附工艺及设备的进料方式、加热方式、加热热源、热脱附腔体连接方式、物料移动方式及螺旋桨设计种类等，热脱附可以有多种划分方法（图 3-11）。

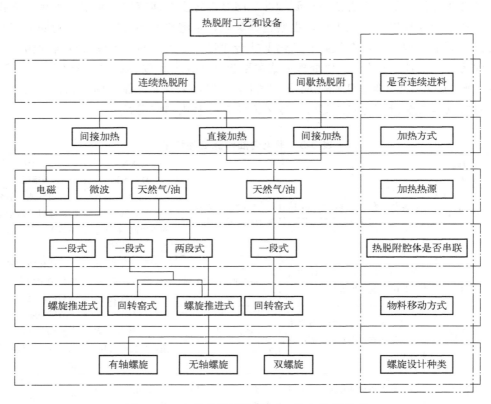

图 3-11　当前常用的热脱附工艺和装置分类

　　直接热脱附是指高温烟气和含油污泥在热脱附腔体内直接接触且分别从两端逆向运动，含油污泥在腔体内移动的过程中，经高温烟气加热，温度不断升高，水分、油相随烟气蒸发分离出来，而剩余未能分离彻底的组分及沥青等重质成分经火焰直接燃烧分解。直接热脱附工艺设备具有装置处理能力大、处理后残渣含油率与焚烧相近等特点。

　　间接热脱附是指热源与含油污泥不直接接触，热源在腔体外，含油污泥在腔体内（夹套式可能存在黏附阻卡、热脱附气堵等问题，不适用于含油污泥），具有尾气易达标处理、油回收率高、残渣含油率低、装置运行安全性好等优点。

　　含油污泥中矿物油的残留量大于 5% 时，根据不可再生资源节约利用和经济效益最大化方面要求，需要最大限度回收油相；小于 5% 时，从安全角度考虑，直接热脱附时，可能存在含油率高的含油污泥在热脱附过程中产生大量的热脱附气体，矿物油中轻质组分气体聚集而发生闪燃闪爆的风险，或热脱附腔体内温度瞬间、局部过高导致设备损坏。因此，需要综合考虑热脱附工艺。

　　热脱附装置可以分为天然气/油燃烧加热、微波加热、电磁加热等三种热源不同的热脱附工艺及设备。

　　天然气/油燃烧加热模式的间接热脱附工艺是选择天然气或油（一般用柴油）为燃料，选用对应的低氮燃烧器。天然气为清洁能源，燃烧后尾气易达标控制，是热脱附装置热源的首选。对于部分天然气供应困难区域，可以采用柴油等燃料油作为热源，但尾气需要严格达标处理。

微波通过物料内水分子高速运动激发其发热，物料内部和外部同时加热，具有即热控制、加热速度快、热利用效率高、加热均匀等特性，常用于食品干燥领域，有文献报道了进料速度为 250～750kg/h 的微波热脱附设备，含油污泥微波热脱附实验表明，处理后残渣含油率可低于 0.1%。微波加热方式在电力充足的地区具有较好的优势，可以考虑与光伏发电相结合，但需要规避微波设备功率增大对人体的影响。

电磁加热是通过缠绕在热脱附腔体周围的电磁加热器产生电磁场，作用热脱附腔体产生涡流而发热，加热线圈使用耐高温电缆和绝缘材料，自身不发热。电磁加热速度快，同样加热至 520℃，装置升温时间约为天然气/油加热方式的 20%，且热脱附腔体底部、顶部及周围受热均匀，装置损害小，对于页岩气钻井现场含油钻屑处理更安全。但用电功率大，2.5t/h 的电磁热脱附设备，需要约 600kW 总装机功率，要求有连续稳定的电力供应。有报道一种海上钻井平台用小型间歇运行的电磁热脱附装置，单釜进料 1t，加热温度为 300～320℃，加热时间为 40min，含油钻屑热脱附后含油率可由约 15% 降低至 1.3%～1.7%，该装置运行 86d，累计热脱附处理含油钻屑 1116.4t，平均日处理量为 12.98t，最大单日处理 21.7t。

不同加热方式的热脱附工艺均有优缺点（表 3-4），为不同来源的复杂物料特性、不同工作状态和经济性需求的工业化应用提供了多种选择。

表 3-4 不同加热方式的热脱附工艺对比

加热模式	作用机理	对健康影响	优缺点
天然气/油燃烧	明火燃烧，火焰加热热脱附腔体	废气对人体有害	非回转窑式顶端和底端温度差大，腔体易变形破损，回转窑式进出料密封要求高，但作业场地灵活
微波	分子高速运动，物料自身发热	微波伤害较大	非连续进出料，升温速率快，处理能力受微波功率大小和安全防护影响
电磁	电磁场使热脱附腔体涡流发热	电磁波有伤害	腔体壁面受热均匀，可以在腔体上多段缠绕，分别设置温区，可连续运行，升温快，电量需求大

热脱附装置主要由上料系统、出料系统、热脱附系统、冷凝及循环水油水分离系统等组成，其中热脱附系统包含燃烧器、热脱附腔体、进出料口密封装置等。

热脱附装置的加热腔体呈圆筒形，提取管设置于圆筒的上方，与圆筒的长度方向垂直。

对于含水率较高的物料，为了提高烟气余热利用率，可以将两个或多个热脱附腔体依次串联，称为两段式或多段式热脱附。含油污泥在上层热脱附腔体内先与低温烟气换热，蒸发部分水和轻质油，进入下一腔体后热脱附腔体升高温度进一步进行脱附反应，温度最高可达 600℃，满足含油污泥热脱附热量需求。高温烟气的总热量和烟气停留的换热时间直接影响热脱附腔体内温度，从而影响装置的处理能力。

含油污泥中含水率差异较大，当含水率<20%时，单一油来源的含油钻屑中油相主要来源于油基钻井液配制过程中使用的矿物油（白油或柴油），蒸发温度区间值相对集中，一段式和两段式热脱附装置各有特点及适宜范围（表 3-5 和表 3-6），从机理上看，均可以满足其无害化处理需求。

当前工业化应用中,含油污泥和含油钻屑热脱附装置主要采用连续进料、间接加热方式,加热热源为天然气,物料推进方式为螺旋推进式,每个腔体内有单个轴螺旋,即天然气间接加热单个有轴螺旋推进式连续热脱附装置,该装置根据热脱附腔体是否串联又分为一段式间接热脱附装置和两段式间接热脱附装置,使用该装置处理含油钻屑过程中,能耗(主要为天然气消耗量)相对较大,影响了其进一步推广应用。

表 3-5　热脱附设备分类与特点

分类		热脱附腔体数量/个	处理能力/(t/h)	适用物料	主要特点
螺旋推进式	单个有轴螺旋	2~6	0.5~10.0	大多数物料	当前应用广泛,技术成熟,但螺旋易断、腔体变形或破损
	单个无轴螺旋	2~6	0.5~10.0	大多数物料	已有使用,防止缠绕性强,不易卡死螺旋
	两个有轴螺旋	1~2	0.5~6.0	黏度大的物料	多用于低温干化中,防黏结、防结焦,但体积有限,处置含油钻屑处理能力难以提高
回转窑式	连续回转窑	1	3.0~10.0	大多数物料	应用广泛,窑体可以更长,加热面积大,处理量大,故障率低
	间歇回转窑	1	0.5~5.0	塑料、轮胎、含液量高的物料等	起停和升降温耗时、耗能,常用于处理需要长时间加热的物料

注:处理能力与物料的含水率、含油率及油的理化性能等多个因素有关。

表 3-6　一段式、两段式和多段式热脱附设备对比

类型	烟气余热利用	适用范围	其他
一段式热脱附设备	预热温物料、损耗大	一般要求含液(油、水之和)率<40%	控制起停燃烧器设置热脱附腔体不同的温度分区
两段式热脱附设备	加热上层腔体或进入燃烧室的空气	对物料含液率要求相对较低	利用了烟气余热,两段腔体物理温度区分明显
多段式热脱附设备	逐级余热物料	适用于多级回收油品	物料连接处易堵,机械复杂增加了故障概率

3.3.2.2　热化学清洗技术

控制适宜的水与固相比例,利用化学药剂在一定的温度条件下,通过搅拌对含油污泥进行破稳、破乳,使黏附在污泥表面的油类物质剥离进入到水相中,根据残渣的含油量需要,可以多次重复以上过程,工业中一般采用 2~3 次(级)清洗。热化学清洗工艺设备相对简单、投资成本低,适用于液态含油污泥,尤其是高含油率的含油污泥,但也存在残渣中含油率受污泥理化特性影响波动大、用水量大等不足。

一般的热化学清洗工艺流程如图 3-12 所示,含油污泥从进料口泵入或抓斗抓取,进入混合机混合均匀,通过滚筒筛(或振动筛)筛出大的杂物(塑料瓶、薄膜、大的石块等),然后进入混合机再次混合均匀,依次经过一级单体搅拌罐、振动筛、二级粗分搅拌罐、粗分离机、

三级细分搅拌罐、细分离机。振动筛、初分离机、细分离机依次分离的不同粒径的固体为清洗后的残渣，液相经细分离机后依次经过药剂沉降罐、药剂精滤罐到达药剂储存罐，在药剂储存罐中添加药剂。

水配制成的清洗液，分别用于混合机、滚动筛、一级单体搅拌罐、二级粗分搅拌罐、三级细分搅拌罐中添加和清洗反应，一级单体搅拌罐、二级粗分搅拌罐、三级细分搅拌罐中分别回收油，油进入油水分离罐后回收至储油罐，油水分离后的泥水进入泥水分离罐，水进入药剂沉降罐，泥返回进料口。若残渣不合格，再返回进料口重新清洗。

不同含油污泥的热清洗药剂及投加量、温度范围、静止分离时间等参数差异很大，早期的热清洗药剂多使用 NaOH、KOH 等无机碱类，当前更多是采用表面活性剂，如阴离子型[十二烷基苯磺酸钠（LAS）]、阳离子型[十六烷基三甲基溴化铵（CTAB）、十二烷基三甲基溴化铵（DTAB）]、非离子型[壬基酚聚氧乙烯醚（NP-10）]、生物型（如鼠李糖脂）等。需要根据含油污泥的理化特性通过实验获得最佳配伍药剂和相关工艺参数。

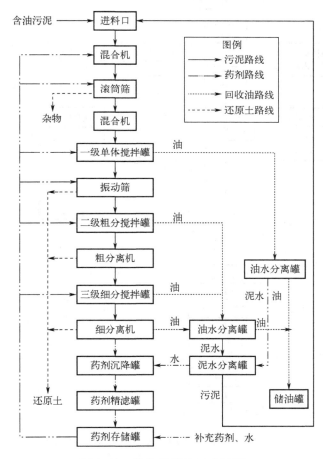

图 3-12 热化学清洗工艺流程

3.3.2.3 焚烧技术

焚烧的化学过程就是所有可燃或需助燃的有机废物中的碳和氢等可燃烧组分在氧气（空气）供给充分、反应系统有良好搅动、系统温度足够高这三个主要工况条件下完全燃烧的过程，即充分的氧化过程。废物焚烧的结果是使固废中的有毒有害物质经高温氧化分解转换成经净化后的无害气体、灰烬并释放热能，从而使有害固废的处理实现无害化、减量化、资源化。

经过多年的发展，固体废物的焚烧处置技术日益成熟。目前，国内外用于固体废物焚烧的主要炉型有机械炉排炉、液体喷注式焚烧炉、流化床焚烧炉、多层床焚烧炉、热解焚烧炉和回转窑焚烧炉等。另外，还有新近发展起来的微波处理、蒸汽消毒、等离子处理等技术，但这些方法对技术要求较高、投资较大、运行成本较高。

目前含油污泥焚烧常用的是回转炉（也称为回转窑），回转窑是一种成熟的工业设备，其工作原理是物料从窑头（简体的高端）进入回转窑内焚烧（废物处置行业）。由于简体的倾斜和缓慢的回转作用，物料既沿圆周方向翻滚又沿轴向（从高端向低端）移动，在物料移动中完成其工艺过程，典型工艺流程见图 3-13。

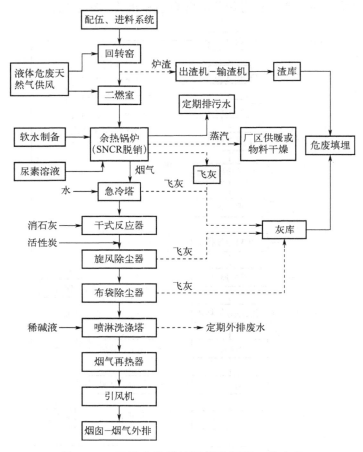

图 3-13　回转窑焚烧处置含油污泥工艺流程

（1）进料系统

含油污泥多与其他可燃物质混合后再进入焚烧炉，预处理主要是降低含油污泥的含水率，通过实验测定含油污泥的热值，确定焚烧物料各种组分的焚烧比例。

含油污泥由运输车直接卸入焚烧车间前端的配伍料坑内，由抓斗机将各种物料进行混合配伍并送入下料斗中，再由密闭的溜槽送至炉口，经双密封门下料装置及推料装置均匀送入回转窑焚烧。

（2）焚烧系统

① 回转窑。含油污泥混合物料由进料系统送入回转窑本体内进行高温焚烧，经过30～120min（具体时间需要实验确定）的高温焚烧，物料被彻底焚烧成高温烟气和灰渣，回转窑的转速可以调节。操作温度控制在850～1150℃，在回转窑焚烧后产生的高温烟气从窑尾进入二燃室，焚烧灰渣从窑尾进入水封刮板出渣机，经水淬冷却后，由出渣机送至地面以上的灰渣库，转运至填埋场。

② 二燃室。在回转窑内燃烧后的烟气从窑尾进入二燃室底部，通过二燃室的助燃空气进一步升高烟气温度，将燃烧室温度加热到1100℃以上，且烟气在二燃室停留2s以上，使烟气中的有害物质及二噁英得以充分分解，分解效率超过99.99%，确保进入焚烧系统的危险废物充分燃烧完全。

（3）尾气处理系统

二燃室燃烧烟气依次经余热锅炉脱硝、急冷塔、干式反应器、旋风除尘器、布袋除尘器、喷淋洗涤塔等装置后经烟囱排放。

3.3.2.4 水泥窑协同处置

水泥窑协同处置即在水泥生产过程中，将含油污泥或其无害化处理后的残渣添加到水泥中，最终成为水泥产品中的一部分，含油污泥一般以生料的形式掺混到水泥原料中，经回转窑煅烧，部分残渣条件符合时，可以作为熟料掺混入水泥中，从而实现含油污泥资源化。由于水泥回转窑内的物料温度在1450～1550℃，而气体温度则高达1700～1800℃，水泥回转窑筒体长，含油污泥在回转窑高温状态下停留时间长，在高温下含油污泥中有毒有害成分可彻底地分解。相比于其他资源化方法，水泥窑协同处置最大的优点是没有残渣产生。

近些年，国家和地方都制定了大量水泥窑协同处置的管理规范和技术标准，比如HJ 662—2013《水泥窑协同处置固体废物环境保护技术规范》、GB 30485—2013《水泥窑协同处置固体废物污染控制标准》、GB/T 30760—2024《水泥窑协同处置固体废物技术规范》和《水泥窑协同处置固体废物污染防治技术政策》等，水泥窑协同处置固体废物技术被纳入规范建设和管理，发展成为一项成熟的固体废物处置技术。

含油污泥的无机化学成分主要是 SiO_2、Al_2O_3、CaO 和 Fe_2O_3 等，这些成分也是生产水泥所必需的，可以通过调节生料的配比以适应半固态含油污泥入窑引入的无机成分对熟料质量的影响，同时也起到了节省部分原料成本的效果。含油污泥中的有机成分燃烧产生的废气随水泥窑废气净化后排放。

水泥窑协同处置含油污泥必须以不影响水泥产品的品质为前提，因此要分析含油污泥中的硫、氯、碱含量，评估对水泥质量的影响，确定合理的加入比例。通常对有害的硫、氯、碱含量，水泥行业的控制标准为：折合至入窑生料，其硫碱元素的当量比 S/R 应控制在0.6～1.0，氯、氟元素含量则分别控制在0.5%、0.04%以下。

含油污泥在水泥窑中的物料投加位置见图3-14，固态含油污泥可以通过固态废物投加点加入，即由大倾角皮带直接进入窑尾的烟气室。液态和半液态的含油污泥从液态和半液态废物投加点进入，即在分解炉中利用烟气尾部的热量将液态、半固态中的水分干燥后，再进入窑尾烟气室。通过窑头的明火燃烧后，成为水泥熟料。

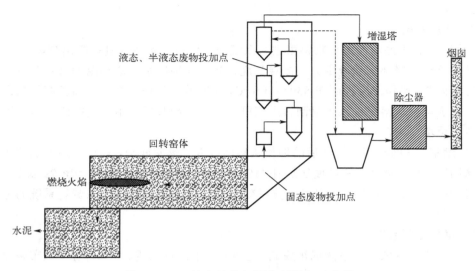

图 3-14 回转窑焚烧处置物料投加示意图

水泥窑协同处置含油污泥过程中，窑内气流与物流整体呈逆向运行，系统全过程负压操作，窑内物料温度一般为 1350～1650℃，甚至更高。物料从窑头到窑尾总停留时间在 40min 左右；投加油基岩屑的窑尾炉气在温度大于 950℃ 以上的停留时间在 8s 以上，高于 1300℃ 以上停留时间大于 3s。

含油污泥中的有机污染物部分能被分解释放出来，含油污泥随窑的旋转缓慢向窑头移动至烧成带（18～23m）时，因煤粉的剧烈燃烧，炉气温度达到 1750～2000℃，物料温度达到 1450℃，此时岩屑中的有机污染物能被完全分解氧化，无机物也呈熔融状态，一些重金属元素被固化到熟料晶格中，焚烧过程中产生的 SO_2 等酸性气体在水泥回转窑内被碱性物料中和，气化的重金属吸附在烟尘上，大部分烟尘随预热器中物料返回窑中，少部分烟气经增湿塔迅速降温降尘，出塔后进入除尘器彻底除尘，收集下的窑灰返回水泥熟料。通过水泥窑协同处置油基岩屑，可以实现油基岩屑的最大程度利用和彻底的终端处置，不会有灰渣等二次污染物排放。

水泥熟料生产过程的中间产物 CaO 以悬浮状态均匀分布在煅烧系统中，其颗粒细、浓度高，极具吸附性，在煅烧系统内形成碱性固相氛围，可与 SO_2、Cl^- 等化学成分合成盐类将其固定，有效地抑制酸性物质排放，减少或避免二噁英的产生。

3.3.2.5 超临界提取技术

超临界在工程上指某流体所处的压力（p）和温度（T）均超过临界压力（p_c）和临界温度（T_c）时的这种状态。使用超临界 CO_2 或水提取含油污泥中的油，实现油与污泥分离已有文献报道。

超临界 CO_2 是一类特殊流体，兼具气体和液体的优良特性，具有许多独特的物理和化学性质，如高密度、高扩散系数和低黏度等。这些特性有利于流体迅速渗透到物料内部，萃取速率快而有效。工艺设计过程中需要考察萃取温度、萃取压力、萃取时间对含油污泥残油率的影响。

超临界水氧化（supercritical water oxidation，SCWO）是以超临界水为反应介质，在氧化剂（空气、O_2 等）的参与下，在密闭反应器内将有机污染物分解为 H_2O 和 CO_2 等无机小分子物质的高级氧化技术。

3.4　含油污泥热解现场实习

3.4.1　热解工艺简介

热解（也称热脱附、热解析）是指在加热条件下，有机物发生相变，由液态或固态变为气态，从固体颗粒上脱附并迁移、扩散的分离过程。热重实验显示，含油污泥热脱附过程主要分为三个阶段：第一阶段为水和轻质油组分蒸发阶段，第二阶段为重质油蒸发阶段，第三阶段为超重质油、沥青和胶质碳化、裂解等复杂物理化学反应，且可能有碳酸盐分解过程。为了减少热脱附过程中的化学反应进程，含油污泥热脱附加热温度一般不超过 600℃，因此，通常情况下含油污泥热脱附常常忽略化学反应。含油污泥热脱附即采用热源对装有含油污泥的热脱附腔体加热，使原油和水蒸发并与污泥分开的一种无害化物理处理方法（图3-15），具有处理后残渣中含油率可稳定低于1%、油可回收等优点，已在重庆、四川、新疆等地区应用。

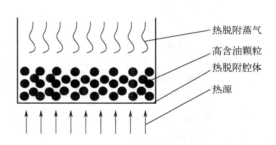

图 3-15　含油污泥热脱附处理法示意图

（图中标注：热脱附蒸气、高含油颗粒、热脱附腔体、热源）

3.4.2　含油污泥预处理方法和设备

3.4.2.1　含油污泥预处理方法

含油污泥预处理首先是去除含油污泥中的塑料、包装等杂物，然后降低含水率或初步回收油等实现减量化，或者达到处理装置对含油污泥的基本进料要求，含油污泥减量化常用氧化法、破乳法、絮凝法等。

（1）氧化法

氧化剂与油等有机物发生氧化反应，可以将大部分烃类（$nC_{21} \sim C_{40}$）氧化为羧酸、酚类、醇类及其他气态物质，破坏油水乳状/胶体结构、油与颗粒表面的化学键，使固相中油水分离，减少废物总量。

（2）破乳法

含油污泥中的油存在多种状态，乳状液分离相对困难，破乳法是通过缩短污泥毛细吸水时间（CST）、降低比阻（SRF）等，破坏含油污泥乳化体系，使泥-固-液分离的方法，常用表面活性剂、电化学、酸、碱或盐等破乳。

（3）絮凝法

絮凝法是通过压缩双电层、吸附-电中和、吸附-架桥、网捕-沉淀等作用方式，使含油污泥胶体中的细微颗粒聚集，改变油泥界面状态的一种常用的含油污泥调质方法。但是，絮凝产生的絮体压滤时易变形导致内部孔隙闭合，阻止颗粒内部油、水的渗出，会降低减量效果，需要增加更多的刚性和不可压缩的坚固多孔结构，从而提高絮体颗粒中液相的泄流通道。

上述预处理方法可以有效减量化，优势明显，也有不足（表3-7），生产中更多根据油水分离减量化情况选择组合方法。

表 3-7　常用的含油污泥化学法减量化技术现状

方法				作用机理	关键点	典型化学药剂	优点	缺点	发展趋势	备注
氧化法				剥离有机质与氢键吸附水，大分子亲水基团（物质）氧化为小分子亲油	氧化剂	H_2O_2/Fenton、ClO_2、$KMnO_4$、O_3、$Na_2S_2O_8$、$K_2S_2O_8$等	亲水基团被氧化断链	成本高，有安全和环境风险	选用温和氧化剂并靶向氧化有机物	更适用于处理稠油、聚采油泥，可除硫
破乳法	物理破乳	酸		压缩双电层，降低油泥中胶粒的ζ电位，破坏乳化体系结构	pH（常用为4）	H_2SO_4、HCl或其他固体酸	快速削弱或破坏乳液	易腐蚀设备，有安全风险	与其他技术耦合应用	更适合处理聚采油泥
		碱或盐		改变油泥表面极性和润湿状态，降低界面张力，剥离吸附油相	热碱液	NaOH、KOH、Na_4SiO_4、Na_2CO_3、Na_3PO_4等	脱出的水较澄清	分离率偏低，投药量大	与其他破乳剂结合应用	减量化不明显
		表面活性剂	常规	快速、有效地削弱或破坏油泥中的油-水界面膜，与乳化剂生成络合物（失效）或中和带电的油滴实现油泥脱稳	有机物的成分和电位	CTAB、DTAB、LAS、OP-10等	油回收率高，破乳速度快、效率高	破乳剂及工艺广谱性差	优选低成本、环保型表面活性剂、助剂及油，研究循环使用	多用于罐底油泥，破乳-离心工艺
			生物			鼠李糖脂、棕榈基酯等				
			微乳	界面张力<10^{-4}mN/m，乳化作用，破坏油水界面膜	界面张力	煤油（甲苯）+OP-10（NP-10、CTAB）+正丁醇	快速、高效	用量为油泥质量的数倍		
	电化学破乳			在电渗析、电迁移和电泳等的联合作用下，低强度直流电使油泥中的水分、烃类和固体颗粒分别富集在两侧	电阻、pH、电势、电极间距等	增强材料：$FeCl_3$、鼠李糖脂、明矾等	回收轻质烃效果好	受多因素影响，如电阻、pH等，且成本较高	油泥储存池用作电破乳反应池	工业化应用有待进一步完善
絮凝法	无机			压缩双电层及电中和作用，降低胶粒的ζ电位，使乳液外膜变薄，促进微粒碰撞吸附脱稳	絮凝剂/混凝剂	铝盐、铁盐系列和铁铝复合聚合物：$AlCl_3$、$Al_2(SO_4)_3$、$FeCl_3$及CaO等	工艺简单、投资和运行费用较低	胶质和沥青质含量高时，需要提高温度	据Cl^-含量和pH值选择复配的絮凝剂/助凝剂	无机和有机絮凝剂/助凝剂联合使用效果好
	有机			在微粒间架桥、网捕等，促进液滴集聚	絮凝剂/助凝剂	PAM、CPAM		投药量大		

3.4.2.2　含油污泥预处理（减量化）设备

各种预处理方法的目的都是改变含油污泥的结构，使其成为不稳定的体系，然后通过固液分离设备使油、水、固分离，常用的分离设备有离心机、叠螺机和压滤机等。

（1）离心机

离心机是一种利用含油污泥中油、水、泥三相密度差，在高速旋转时产生离心力作用差而实现分离的一种设备，因连续工作、处理量大、故障率低等特点应用广泛，含油污泥的特性（粒径、黏度、固液密度差）和离心机结构（图3-16）、运行参数（转速、停留时间、差速、堰口高度、内筒径、滚筒长度等）、工艺参数（温度、进料量）等诸多因素都会影响离心机分离后残渣中的液体含量，依托仿真模拟可对离心分离参数进行优化。

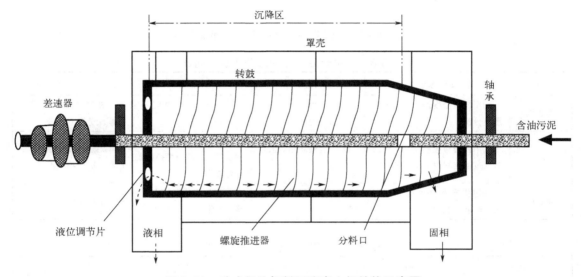

图 3-16　卧式螺旋卸料沉降离心机结构示意图

（2）压滤机

根据卡门（Carman）公式，压滤效果与压滤时的压强、时间、面积、滤液黏度、介质阻抗、比阻等有关，压滤前通过调质药剂降低含油污泥的比阻可增加脱水效率。压滤机一般分为板块压滤机（图1-23）和带式压滤机。工业化生产中，由于易堵塞、滤布损耗、压滤后的固相中液体含量仍非常高、减量化效果不足等，压滤机在含油污泥减量化中应用不多。

（3）叠螺机

常用叠螺机（图3-17）通过螺旋推进游动叠片与固定叠片挤压使油水分离，存在堵塞问题。一种新型的椭圆叠螺机具有反旋转狭缝自清洗功能，具有无堵塞和反冲洗的特点，处理能力稳定，运输负荷大，维修方便。

根据固液分离装置优缺点分析（表3-8），不同来源的含油污泥根据其理化特性，应选择不同的固液分离装置或装置的组合（包括旋流器分离装置等），联合站常用的减量化处理固液分离装置为离心机和叠螺机。此外，干化方式（表3-9）也是含油污泥进一步减量化的方法。

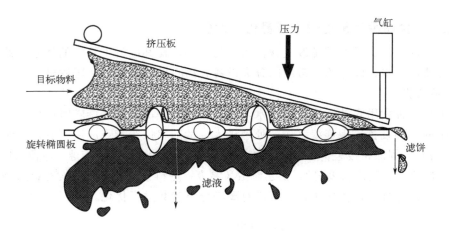

图 3-17　椭圆叠螺机结构及工作示意图

表 3-8　三种含油污泥固液分离装置对比

装置	工作原理	优点	不足	其他
离心机	利用固液密度差在离心力作用下分离	操作简单、占地小、处理量相对较大	能耗大，高固相时易堵塞，噪声大	在稠油生产过程中固液分离效果差
压滤机	利用固液粒径差在一定压力时通过滤布网眼构造分离	残渣含液率相对低，效果好	间歇运行，处理能力小，冲水量大，滤布更换频繁，综合成本高	不适用于高黏度、高黏土矿化物工况
叠螺机	通过固定和移动叠片间挤压，滤液从滤网流出	占地小，能耗小、故障率低	单套装置处理能力低，残渣经常含水率>80%	适用集输过程中

表 3-9　常用的干化/半干化方式

分类		作用机理	优点	缺点	备注
直接干化	压滤/离心半干化	利用密度差、粒径差等在离心力或压力条件下物理固液分离	固液分离效果好，能耗相对较低、适用性强	需要对含油污泥预处理，单独使用效果差	工业化使用广，需要进一步提高机械装置性能
	微波干化	增加介质分子的热运动，油水分子强烈摩擦发热并破坏絮体	占地面积小，效果好	能耗高，存在微波对人体伤害的风险	频率为300MHz～300GHz、波长为0.001～1m的微波
	电渗透干化	含油污泥中水和颗粒在电场中呈正负电荷，水向阴极移动，实现分离	脱水效率高，能耗相对较低	阳极易腐蚀，脱水效果随油泥中含水率变化而变化	伴有扩散、电迁移和电泳等现象
间接干化	桨叶式干化	热水、蒸汽或导热油分别进入壳体夹套和桨叶轴内腔，同时加热油泥	减量化效果好，根据需要可将含水率控制到15%以下	能耗高，单套装置处理能力小	干化速率为10～35kg/（m²·h），适合含油污泥产生量小且有余热可利用的油田
	圆盘/薄层/带式干化	热水、蒸汽、高温烟气、电磁或导热油等高温介质对盛装油泥的腔体加热，蒸发使油水固分离			
	双螺旋干化		黏度高，油泥不易黏附、结焦		适用于高胶质、沥青质、黏土矿物油泥
	油炸干化	加热废油至100℃以上，将含油污泥直接放入"油炸"，破坏油泥结构，水以蒸汽方式分离	脱水效率高、传热效率快、设备简单	处理能力小，反应过程激烈，存在安全隐患	不适合含油污泥减量化工艺

3.4.3 热解（热脱附）装置系统介绍

3.4.3.1 工艺流程简述

含油污泥通过原料破碎及预处理，由输送系统送至热解车间，干料仓的高低料位控制将原料分别送至热解车间 1#～16#干料仓内；或将物料运至裂解车间原料池内，通过行车抓料的形式，将物料储存在 1#～16#湿料仓内；再通过上料系统将物料连续送入热解反应器内，得到热解气、水蒸气与固体产物。冷却热解气、水蒸气，得到液态产物及少量不凝气。液态产物由输液泵输送至罐区。不凝气经净化后作为燃料用于热解供热。生产线产生的外排烟气，经烟气净化系统净化后达标排放。热解所得的固体产物冷却至安全温度后输送至固体产物料仓，热解工艺及装置见图 3-18、图 3-19。

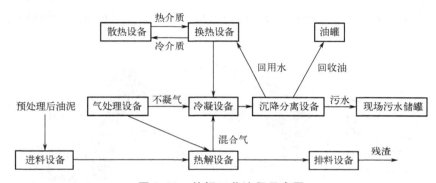

图 3-18　热解工艺流程示意图

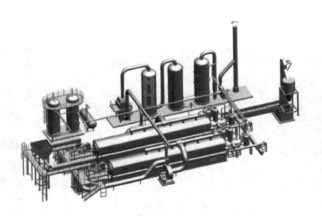

图 3-19　热解单套装置示意图

3.4.3.2 生产线组成及控制方案

实习企业工业连续化油泥综合利用残渣热解生产线主要由上料系统、热解系统、出料系统、分油冷却系统、可燃气净化输送系统、烟气净化系统、电气控制系统等组成。各系统介绍如下。

（1）上料系统

① 上料系统控制原理。当任一料仓发出要料信号时，可编程逻辑控制系统（PLC）会自动启动上料装置完成对应料仓的上料工作。由于池内物料堆积高度不一，开始抓料时，抓斗

的抓取量达不到设定的要求，PLC程序重新更换位置再次抓取，避免出现跑空车的现象。

②上料系统及设备。上料系统分湿油泥上料与干油泥上料两套系统，两套系统独立工作（图3-20、图3-21）。该项目的取料装置采用自动双梁抓斗起重机（简称"抓斗起重机"）。根据生产工艺要求，抓斗起重机设计有手动+高级半自动+自动控制系统，将油泥从低处的油泥池送入高处的油泥料仓（湿）中。一个油泥池配备两台抓斗起重机，两台抓斗起重机既可以独立工作，又可以协同工作。每台抓斗起重机都可以独立执行投料、倒料工作。当料仓发出投料信号请求时，抓斗起重机执行投料工作；当没有投料信号请求时，抓斗起重机执行倒料工作；任意时刻，投料优先，即当抓斗起重机在执行倒料工作时，如果料仓发出投料信号请求，系统立即转入投料工作循环。另外，两台抓斗起重机可根据设定的工作区域和程序，同时在不同的工作区域内独立完成投料和倒料工作。料仓内的油泥残渣被输送机输送至挤料机，通过挤料机将油泥残渣推送至进料机内，并由进料机按照设定数量输送至热解反应器内。

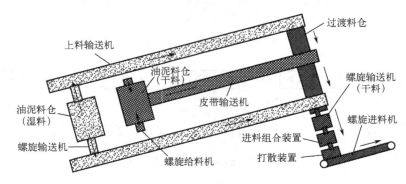

图 3-20　上料系统示意图

图 3-21　上料系统

a. 湿油泥上料系统：含水量较高的湿油泥在油泥残渣池（以下简称"油泥池"）内暂存，取料装置（抓斗起重机）按设定程序抓取油泥池内的油泥送入油泥料仓（湿）暂存。油泥料仓（湿）中的油泥由螺旋输送机导出后通过上料输送机送入进料组合装置前的小料斗中。

b. 干油泥上料系统：含水量相对较低的干化油泥通过输送带送入油泥料仓（干料）暂存。

油泥料仓（干料）中的油泥由螺旋给料机导出后通过皮带输送机（干料）被送入过渡料仓，然后再由过渡料仓底部的螺旋输送机（干料）导入进料组合装置前的小料斗中。小料斗中的物料（干、湿油泥）经过进料组合装置挤压，再由打散装置打散后由螺旋进料机输送进入热解反应器。

c. 进料组合装置：将油泥在输送过程中进行挤压，实现前端物料密封。

d. 打散装置：将挤压后的油泥打散，便于物料的输送和热裂解。

（2）热解系统

① 系统原理。

a. 热解腔体内压力控制原理。通过裂解器压力传感器实时信号，联动控制全压风机，稳定热解腔体内压力。正常工作时，PLC程序根据压力变送器输出的信号，自动调节全压风机变频器的运行频率。当压力变送器测量值高于设定值时，PLC程序自动提高全压风机变频器的运行频率，增大抽气量，从而稳定热解腔体内压力；反之，减少抽气量。压力变送器的设定值可以调整。

b. 热风装置温度控制原理。通过加热炉出口热电偶的实时信号，联动控制燃烧机，将热风装置出口温度控制在设定的范围内。正常工作时，按照设定的温度值，PLC程序根据加热炉出口温度的输出的实时信号，自动控制燃烧机二段火的运行。当加热炉出口温度低于设定值时，燃烧机开启二段火；当加热炉出口温度高于设定值时，燃烧机关闭二段火。加热炉出口温度设定值可进行调整。

② 工作流程。含油污泥在常压无氧条件下在热解腔内进行热解反应，生成热解油气、水蒸气与固体产物。热解油气、水蒸气经分油器、卧式冷却器、冷却水套冷却后，得到液态产物及少量不凝气（图3-22、图3-23）。液态产物由输油泵输送至罐区。不凝气进入净化输送系统。

生产线开始投料时，调整热解器各出烟口阀门的开度、回热风机外排烟气出口阀门的开度至合适位置，将各温度点稳定在设定的范围内。

正常运行过程中，进料实现定量给料，供热通过热风装置实现均匀供热，整个热解反应过程是稳定的生产过程。

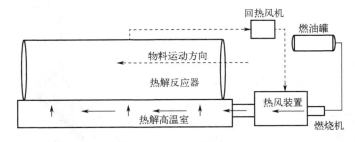

图 3-22　热解系统工作流程

③ 主要设备。

a. 燃油罐。储存一定量的柴油，生产线没有燃气或燃气不足时供给燃烧机燃料。

b. 燃烧机。燃烧机为燃油、燃气两用两段火燃烧机，可根据现场情况选择燃料切换燃油或燃气模式。燃烧机的工作程序是：启动燃烧机后风机自动吹扫炉膛，并自动开启点火器，完成点火。按照设定程序，实现一级、二级火的转换，来维持热风装置的设定出口温度。

图 3-23　热解系统

　　c. 热风装置。由炉衬、内炉胆、外炉胆、保温层、吊耳、马鞍支座等组成；炉衬由耐火材料砌筑；内、外炉胆使用不锈钢材质制造；保温材料为硅酸镁纤维毯。

　　d. 回热风机。将给热解反应器供热完成后的烟气重新分配，绝大部分送回热风装置循环利用，少量外排进入烟气净化系统。

　　e. 热解反应器。热解反应器由机架、内筒体总成、外筒体总成、前封头、后封头、传动机构、托轮机构等组成。

　　（3）出料系统

　　热解反应器产出的固体产物经过两级输送机冷却降温，降至安全温度后由输送机输送至固体产物料仓内。生产线投料后，按照程序依次进入螺旋输送机、斗式提升机、固体产物输送机、水冷输送机、出料机（图 3-24、图 3-25）。

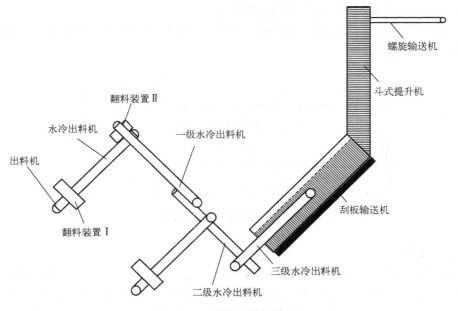

图 3-24　出料系统示意图

图 3-25 斗式提升机顶部

具体步骤为：在密闭状态下，裂解固体产物从出料机输出后经翻料装置Ⅰ进入水冷出料机，冷却降温后经翻料装置Ⅱ进入刮板输送机进一步冷却，在通过刮板输送机进入斗式提升机后由螺旋输送机送入料仓内。该过程具有全封闭、输送与冷却同时进行的特点。

（4）分油冷却系统

分油冷却系统由前分油器、冷却器1、后分油器、卧式冷凝器、冷却器2、集油罐、螺杆泵、输油泵等组成，典型流程见图3-26，实物见图3-27。

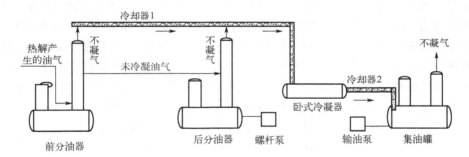

图 3-26 分油冷却系统工作流程

图 3-27 分油冷却系统

热解产生的油、水蒸气分别进入前、后分油器中进行冷凝，冷凝后的液态产物暂存于分油器底部的储罐中，液位达到一定高度后通过螺杆泵输送到罐区。未冷凝的油气从分油器顶部进入冷却器继续冷却，冷凝下的液态产物在集油罐中暂存，液位达到一定高度后通过输油泵送至罐区，不凝气进入可燃气净化系统。

　　主要设备有：

　　① 分油器。分油器由立式水冷冷却器和底部储罐（含冷却夹层）组成，来自热解反应器的高温油气经过立式冷却器冷却，冷凝的液态油进入底部储罐中，未冷凝的油气进入冷却器继续冷却。分油器底部油罐上设有冲洗装置，可利用油泵回流管路进行自清洗。

　　② 卧式冷凝器。卧式冷凝器为固定管板式换热器，裂解油气走管程，冷却水走壳程，利用列管间接换热，降低管程内流动介质的温度。

　　③ 冷却器。冷却器为套管式换热器，由内外两个同心圆管组成，外管冷却水对内管流动的热流体间接降温。

　　④ 集油罐。将裂解所得的液体产物进行暂存。

（5）可燃气净化增压系统

　　可燃气净化增压系统主要由立式冷却器（位于集油罐上部）、可燃气净化塔、喷淋泵、脱液罐、全压风机、水封罐、缓冲罐、增压风机、稳压罐等组成，典型工艺流程见图 3-28，实物见图 3-29。从立式冷却器出来的可燃气进入可燃气净化塔。可燃气中含有少量 H_2S、硫醇 RSH 等有害成分。在可燃气净化塔中，可燃气与碱液在填料层中进行充分的逆流接触、反应，其中绝大部分的有害成分被去除，净化后的可燃气中携带的少量碱液通过脱液罐去除。在全压风机的作用下，可燃气冲破水封进入缓冲罐和湿式气柜（见火炬系统）暂存，再经过增压风机增压、稳压罐稳压后供给燃烧机使用。可燃气净化塔中发生的主要化学反应如下：

$$H_2S + NaOH \longrightarrow NaHS + H_2O （低浓度 NaOH） \tag{3-1}$$

$$H_2S + 2NaOH \longrightarrow Na_2S + 2H_2O （高浓度 NaOH） \tag{3-2}$$

$$RSH + NaOH \longrightarrow RSNa + H_2O \tag{3-3}$$

$$HCl + NaOH \longrightarrow NaCl + H_2O \tag{3-4}$$

　　主要设备有：

　　① 可燃气净化塔。储存碱液；喷淋泵把氢氧化钠溶液输送至入喷淋塔上部，通过液体分布器将液体均匀分散到鲍尔环填料层上，液体自上而下，气体自下而上，可燃气中的有害组分与氢氧化钠充分反应，达到净化的目的。

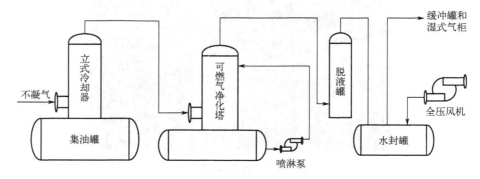

图 3-28　可燃气净化增压系统工艺流程

图 3-29 可燃气净化增压系统

② 脱液罐。脱出可燃气携带少量雾状液体，排放时须注意防止气体吸入脱液罐内。全压风机对热裂解系统有抽负压作用，将裂解所得可燃气导出，控制热解反应器内的压力。

③ 水封罐。利用水封将可燃气与后路设备断开，避免未进入水封罐的可燃气相互串通，使热解反应器之间无压力干扰；同时起到特殊情况（突然停电）保护热解反应器安全的作用；对可燃气进行二次净化。

④ 缓冲罐/稳压罐。稳定不凝可燃气的压力，确保燃烧机供气压力相对稳定。增压风机给不凝可燃气增压，确保进入燃烧机的不凝可燃气压力在设定范围内。

（6）烟气净化系统

外排的烟气经风冷冷却器、水冷冷却器冷却后进入碱吸收塔、填料净化塔进行净化处理，有效去除烟气中的二氧化硫、氮氧化物及颗粒物等污染物质，实现烟气达标排放，典型工艺流程见图 3-30，实物见图 3-31。

在生产线开机时，启动引风机和烟气喷淋泵，根据喷淋泵出口压力调整出口阀门的开度至合适位置后，正常生产过程中不需要调节；引风机根据热风装置内负压的情况调整运行频率至合适值，运行稳定后，不需要调节。

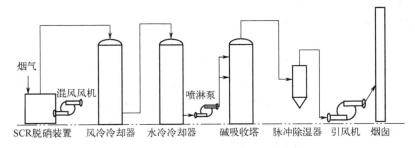

图 3-30 烟气净化系统工艺流程

图 3-31　烟气净化系统

① 工作原理。烟气净化系统由 SCR 脱硝装置、风冷冷却器、水冷冷却器、碱吸收塔、脉冲除湿器、引风机、烟囱等组成。烟气经过脱硝、降温、碱洗去除其中的氮氧化物、硫氧化物、颗粒物等有害物质后通过烟囱达标排放。

将尿素溶液直接喷射到高温烟道中，利用烟气的热量使尿素分解成氨气。烟气与氨气混合进入 SCR 脱硝反应器，在催化剂的作用下，以 NH_3 作为还原剂，将烟气中的 NO_x 还原成 N_2 和 H_2O，NH_3 不会和烟气中的残余 O_2 反应，如果采用 H_2、CO、CH_4 等还原剂，它们在还原 NO 的同时会与 O_2 作用，因此称这种方法为"选择性"。选择性催化还原（SCR）技术是目前应用最多而且最有成效的烟气脱硝技术之一，其主要反应方程式为：

$$4NH_3 + 4NO + O_2 \longrightarrow 4N_2 + 6H_2O \tag{3-5}$$

$$8NH_3 + 6NO_2 \longrightarrow 7N_2 + 12H_2O \tag{3-6}$$

通过采用合适的催化剂，上述反应可以在 300～410℃的温度范围内有效进行，获得高达 80%～90%的 NO_x 脱除效率。

脱除 NO_x 后的烟气温度仍然较高，经过风冷冷却器和水冷冷却器降温后进入碱吸收塔。碱吸收塔主要去除烟气中少量的二氧化硫等酸性气体。经过冷却的烟气，自碱吸收塔底向上通过各个填料间隙上升，氢氧化钠溶液自塔上部进入，在填料表面逐渐下流，烟气与吸收液作连续的逆流接触，烟气中的酸性气体逐渐地被碱液吸收。当碱液的 pH 降到 6 时，排掉部分碱液，添加新鲜碱液（浓度为 3%～5%）。

碱吸收塔中发生的化学反应主要有：

$$SO_2 + 2NaOH \longrightarrow Na_2SO_3 + H_2O \tag{3-7}$$

$$Na_2SO_3 + SO_2 + H_2O \longrightarrow 2NaHSO_3 \tag{3-8}$$

$$CO_2 + 2NaOH \longrightarrow Na_2CO_3 + H_2O \tag{3-9}$$

$$Na_2CO_3 + CO_2 + H_2O \longrightarrow 2NaHCO_3 \tag{3-10}$$

$$Na_2CO_3 + SO_2 \longrightarrow Na_2SO_3 + CO_2 \tag{3-11}$$

$$NaHCO_3 + SO_2 \longrightarrow NaHSO_3 + CO_2 \tag{3-12}$$

② 主要设备。

a. SCR 脱硝装置。由尿素溶液喷射模块、烟气温度调节模块、SCR 反应器构成。尿素溶液直接喷入高温烟道中，并在烟道中停留 1～2s，使尿素充分分解为氨气。采取自动补风方式对烟气温度进行调节，保证进入 SCR 反应器的烟气温度不超过 410℃，使脱硝反应在合适的温度范围内有效进行。SCR 反应器内布置有催化剂，是脱硝反应进行的场所（图 3-32）。

图 3-32　SCR 脱硝装置

b. 风冷冷却器。采用立式结构，强制风冷形式，对外排的烟气进行间接冷却。烟气在列管内流动、降温，空气冲刷冷却列管。经过降温后的烟气进入水冷冷却器。根据设定的烟气出口温度控制冷却风机的启停，达到冷却效果。

c. 水冷冷却器。采用立式结构，逆流换热形式。烟气由水冷冷却器顶部进入，底部排出，走管程；冷却水由下部进入，上部流出，走壳程。壳体内有折流板，提高了换热系数。经过降温后的烟气进入碱吸收塔。

d. 碱吸收塔。3%～5%的氢氧化钠溶液做吸收剂吸收烟气中的 SO_2。氢氧化钠溶液自塔上部进入，烟气自塔底进入向上通过填料层与碱液逆流接触；烟气中的有害成分逐渐被吸收，浓度自下而上降低。塔内设有两层填料，两级喷淋，净化效率高。

（7）火炬系统

火炬系统由湿式气柜、涡轮风机（火炬）、火炬水封罐、地面火炬等组成。裂解产生的不凝可燃气在气柜中暂存，供燃烧机使用。气柜上配有激光柜位计测量气柜高度，当气柜高度达到外排上限设定值时，输出信号至火炬系统的 PLC，PLC 系统启动自动点火程序，打开石油液化气电磁阀，启动点火器，置于长明灯下部的点火电嘴点燃长明灯，同时，开启蒸汽吹扫阀门，自动吹扫水封分液罐至火炬间的可燃气外排管线。当热电偶检测到火焰信号时，关闭点火器，自动启动涡轮风机，同时关闭蒸汽吹扫阀门，燃烧器保持稳定地燃烧。

当气柜高度降至外排下限设定值时，自动关闭涡轮风机和液化石油气阀门。当燃烧过程中有长明灯意外熄灭（即热电偶检测不到火焰信号）时，PLC 系统将立即重新启动点火器重新点燃长明灯。

进入火炬界区的可燃气经过排放总管进入水封分液罐，分离出夹带的液滴，可燃气突破水封后再分成两路，进入分级管道。

分级管道的一级为常开设计，二级设控制阀，外排可燃气首先通过第一级燃烧器燃烧，当压力到达限定值（待定）后，自动开启阀门，第二级燃烧器开始燃烧，保证系统不憋压不喘振。

二级（一级常开除外）燃烧器管线上的电动切断阀处设旁路，旁路上设置爆破片以确保地面焚烧系统的安全，若自动阀在达到压力限值后不能打开，装置上的爆破片会强行爆破，同时 PLC 报警，保证安全。

（8）可燃气体检测报警系统

按照 SY/T 6503—2022《石油天然气工程可燃气体和有毒气体检测报警系统安全规范》等相关规范的规定，热裂解生产线车间内应设置多台可燃气体探测器，实时监测车间内可燃气体的浓度，对可能发生的可燃气体泄漏进行检测，可及时发现泄漏点并进行现场声光报警。另外，多台可燃气体探测器还应配备一套报警控制器，报警控制器放置于控制室内，探测器的检测信号实时传输到报警控制器中，便于操作人员及时发现泄漏并处理，保证人身和设备安全，保证生产线连续稳定运行。

（9）可燃气净化输送系统

热解产生的不凝可燃气在喷淋填料塔内与碱液充分接触、反应，其中的硫化氢、硫醇等有害组分得以去除，净化的可燃气经全压风机及水封罐后输送至稳压罐内稳压作为燃烧机的燃料使用。

生产过程中 32 台裂解设备产生的可燃气，通过管线收集至不凝可燃气气柜罐中，并返回热解设备燃烧使用。当可燃气气柜高度超过高限时，气柜的风机启动将可燃气输送至地面封闭火炬燃烧；气柜高度低于高限时，阀门及风机关闭，地面的长明灯持续燃烧，确保多余可燃气外排时可靠燃烧。

（10）电气控制系统

工业连续化含油污泥热裂解生产线的电气控制系统设计为集中控制，并采用了多种现代化仪器、仪表，具有自动化程度高、操作方便、监测直观等特点，保证生产线的可靠运行，提高了产品质量。生产线采用 PLC 对控制点可实现自动控制，具有数据采集、运算、记录、打印报表及安全预警等功能，确保生产线的安全、稳定、连续运行；控制方式采用中控室集中控制。

① 压力显示。生产线采用晶体扩散硅压力变送器采集压力信号，并将信号传输给 DCS 在上位机上显示压力数值。

② 温度显示。生产线采用 K 型热电偶采集温度信号，并将信号传输给 DCS 在上位机上显示温度数值。

3.5 含油污泥热萃取现场实习

3.5.1 萃取基础知识

萃取是一种利用液体混合物中各组分在所选择的溶剂中溶解度不同而分离液体混合物的液体分离方法。

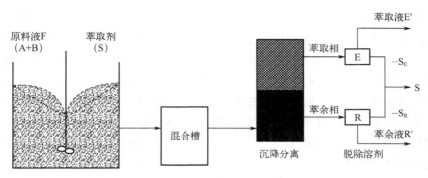

图 3-33　萃取工艺示意图

　　萃取的基本流程如图 3-33 所示,原料液 F 中含有溶质 A 和溶剂 B,为了使 A 与 B 分离,将筛选好的萃取剂 S 加入 F 中,在混合槽中搅拌充分混合后,进入沉降分离装置,在一定温度条件下静置后,S 与 A 的溶解能力远远大于 B,S 与 A 混合成为萃取相 E,剩余 B 等原料液为萃余相 R,分别对 E 和 R 中的 S 回收,就能获得萃取液 E′(A+少量 B)和萃余液 R′(B+少量 A),从而实现了 A 和 B 的分离。

3.5.2　典型萃取设备

(1)混合-澄清槽

　　混合-澄清槽是多级萃取方式的组件设备,分为混合室和澄清室,原料液和萃取剂进入混合室充分混合,经过一段时间后流入澄清室,依靠重力静置分离为轻、重两相,从而实现分离。该装置可以多级连续使用,但占地面积大,设备内的存液量较大。

(2)重力流动的萃取塔

　　原料液和萃取剂基于重力做逆流流动而不输入机械能的萃取塔,有喷洒塔、填料塔和筛板塔等种类。主要适用于表面张力不大、要求的理论级数又不多(不超过 4 级)的工况。

(3)输入机械能量的萃取塔

　　有些工况的两液相表面张力较大,为了促进传质过程,需要输入机械能量增大传质面积,常用的有转动式和脉冲(或振动)式,主要装置有转盘塔、搅拌填料塔、脉冲筛板塔、脉冲填料塔等。

(4)自控周期式萃取塔

　　为了兼顾处置能力和传质效果,按照一定周期通入液体或澄清液体的一种装置。

(5)离心萃取机

　　遇到两液体的密度差小、容易乳化、黏度很大等情况时,两相的接触状态不佳,常规的萃取很难分离,可以使用离心机来完成澄清过程。

　　萃取设备的类型很多,需要根据工艺要求和条件选择,一般需要考虑所需的平衡级数、生产能力、能源供应、物系的物理性质、液体在设备内的停留时间、建筑场地等众多因素。

3.5.3 实习企业水-溶剂萃取工艺

自油田回收的污泥和联合站污水处理系统的排污由罐车专用车辆拉运至该含油污泥处置公司，在污泥池中暂存，污泥利用行车及污泥储斗装入污泥混合机，污泥在混合机中与水-破乳剂混合后进入滚筒筛，在滚筒筛中污泥粗料经破乳剂喷淋洗涤及两级滚筒筛的粗选，不符合工艺要求、直径大于 5mm 的净化粗砂进入粗料混合器，加入药剂及水进行洗脱，然后进入二级固体分离器分离，污油回收进罐，洗净砂送暂存场堆存；直径小于等于 5mm 的小颗粒油泥乳状液进入混合槽，混合槽中再次加入水-破乳剂使污泥乳状液液固比达到 5：1，污泥乳状液在混合槽内采用水蒸气载体加温至 70～90℃，同时充分搅拌 10～15min，充分发挥破乳剂的作用，达到破坏乳状液双电层结构的目的。污泥乳状液依次进入三级分离槽，前两级分离槽通过曝气气浮处理回收浮油，在第三级分离槽静置 15～20min 后出现油水明显分层，将上层的油收集至污油回收罐，下层的泥水混合物进入泥水分离器脱水，脱水后合格的还原土送暂存场堆存，不合格的油泥进入混合槽再次处理，泥水分离器分离出的洗涤液进入回收罐回用于溶解助溶剂，剩余部分回用，典型工艺示意图见图 3-34。

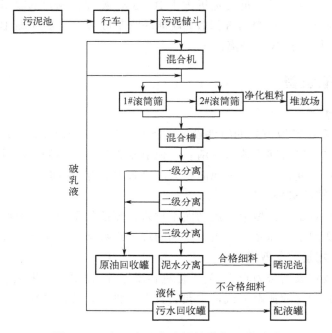

图 3-34　实习企业含油污泥萃取工艺流程

3.5.4　主要装置

3.5.4.1　行吊抓斗机

行吊呈"门"字形，底部可以在底座轨道上来回运动，行吊上方设有可以沿着门梁活动的横梁轨道，通过缆绳控制下方抓斗，实现物料的抓取（图 3-35）。

3.5.4.2　混合槽

行吊抓斗机将油泥抓入进料仓后，汇集到进料仓下部的混合机中。混合槽主要由机身、搅拌器、传动机构、出料装置等组成（图3-36）。机身通常为长方形或圆形，内部设有一定的混合空间。搅拌器根据不同的混合要求可以设计为单层螺旋形、双层螺旋形、桨叶形等。传动机构负责将电机的旋转传递给搅拌器，在机身内部进行混合。出料装置通常为快速出料门或慢速旋转阀门，用于控制混合物的流速和流量。

图 3-35　实习企业行吊抓斗机

图 3-36　实习企业混合槽

3.5.4.3　滚筒筛

滚筒筛是依赖于物料在倾斜旋转的滚筒内翻转和滚动，从而实现物料的筛选（图3-37）。当物料进入滚筒后，随着滚筒的倾斜和转动，筛面上的物料会进行翻转和滚动。较小的物料颗粒可以通过筛网，而较大的物料则被留在筛网上。通过调整滚筒的旋转速度和振动频率，可以控制物料的筛选效果，以满足不同的生产需求。合格的物料通过滚筒后端底部的出料口排出，而不合格的物料则通过滚筒尾部的排料口排出。滚筒筛具有高筛分效率、低噪声、运行平稳等特点，适用于多种行业，如石料场、砂石厂、煤炭行业、化工行业和选矿行业等。

3.5.4.4　固液分离装置

固液分离装置主要为固液分离罐，实习企业根据不同的加药分为一级、二级、三级分离罐，加药后搅拌均匀，静置，在药剂的作用下，使乳状液破乳，黏附在固体表面的油从固相剥离，利用重力作用，三相分离，油相在上部，泥在下部，中间层为水，油收集进入原油回收罐，其余组分进入下一级分离罐，三级分离罐后的底泥经振动筛、离心机后进一步固液分离，污水进入污水处理系统，泥达标后进入暂存场。若未达标，返回混合槽重新完成一次流程（典型装置见图 3-38 至图 3-44）。

固液分离罐中设有搅拌器，外部设有加药装置、进出料管线和蒸汽加热装置。

图 3-37　实习企业滚筒筛（外部被封隔）

图 3-38　实习企业（一级）单体搅拌罐

图 3-39　实习企业（二级）粗分搅拌罐

图 3-40　实习企业（三级）细分搅拌罐

图 3-41　实习企业振动筛工作房

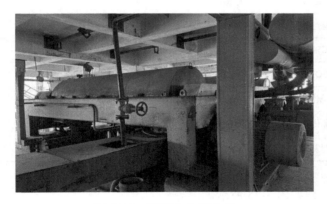

图 3-42　实习企业离心机

图 3-43　实习企业油水分离槽

图 3-44　实习企业油水分离罐

3.5.5　含油废水处理工艺流程

项目产生的废水主要有含油污泥沉降废水、油泥热解炉冷凝废水及不凝气稳压罐水封水等，采用"除油+催化氧化+DAF 气浮+多介质除油+两级接触氧化法+两级生物滤池+斜管沉淀"处理，处理后达到 GB 31571—2015《石油化学工业污染物排放标准》中水污染排放限值直接排放的要求（表 3-10 出水水质），回用于生产装置，设计进水出水质见表 3-10，设计最大处理能力 60m³/h。

表 3-10　含油废水处理装置设计进出水水质一览表（常温）

序号	项目	单位	进水	出水	备注
1	pH	无量纲	6～9	6～9	
2	悬浮物	mg/L	≤1000	≤70	
3	石油类	mg/L	≤300	≤5	系统设计≤1000
4	COD$_{cr}$	mg/L	≤800	≤70	
5	氨氮	mg/L	≤50	≤8	
6	硫化物	mg/L	≤10	≤1	
7	挥发酚	mg/L	≤30	≤0.5	

污水处理工艺流程如图 3-45 所示。

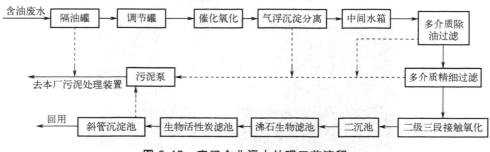

图 3-45　实习企业污水处理工艺流程

3.5.5.1　一级处理（预处理）

（1）除油

废水中含有大量的油类，为防止油类进入后续系统，必须在处理系统前端进行有效隔油。在隔油罐中，由于流速降低，相对密度小于1.0而粒径较大的油珠及悬浮物上浮到水面上，相对密度大于1.0的杂质沉于池底。

（2）催化氧化

催化氧化单元主要包括催化氧化处理系统和制气系统两部分。制气系统主要是制取臭氧的成套装置，含气体压缩、空气净化、氧气制取、臭氧制取等设备单元。催化氧化处理系统主要包括催化剂、反应器、排泥排渣等单元设备。催化氧化反应器作为提高反应吸附絮凝效率的前置条件，选择 O_3 作为氧化激活剂，反应器设备为填充 TiO_2 及 β 锰催化材料，对含油废水中的石油类物质进行断链、预氧化、老化等预处理，便于后续最大限度将其去除。

（3）气浮

主要设备包括多相溶气与释放系统、反应器、分离设备等。气浮技术（NAFC）是集加压溶气气浮（DAF）和涡凹气浮（CAF）优势于一体的气液多相溶气气浮技术，通过高压回流溶气水减压产生大量的微气泡，这些微气泡与污水中密度接近于水的固体或液体微粒黏附，形成密度小于水的气浮体，在浮力的作用下，上浮至水面，进行固-液或液-液分离。

（4）多介质除油过滤

主要采用除油滤料过滤，如核桃壳及无烟煤滤料，对水体中的油及悬浮物有效去除的过滤设备。

3.5.5.2　二级处理

采用生物接触氧化池，利用好氧及兼氧菌对废水进行生化处理。生物接触氧化池内的生物膜由菌胶团、丝状菌、真菌、原生动物和后生动物组成。丝状菌在填料空隙间呈立体结构，大大增加了生物相与废水的接触表面，同时丝状菌对多数有机物具有较强的氧化能力，对水质负荷变化有较大的适应性，所以丝状菌是提高净化能力的有利因素。实习企业采用的为二级三段接触氧化池。

3.5.5.3　三级处理（深度处理）

（1）改性沸石生物滤池

改性沸石粉是将天然沸石粉与粉末活性炭、硅藻土、煤灰渣、黏土中的一种或多种混合而成，将改性沸石粉投入生物滤池中，增强废水中氧的供应，提高废水中有机物在生物处理过程中的处理效率。在改性沸石生物滤池中，废水通过改性沸石生物滤池的吸附、氧化与过滤作用，对进水的中低浓度有机物进一步吸附、氧化等的降解去除；改性沸石滤池对其进水中的氨氮具有极强的吸附作用，可将水体中的氨氮最大限度地去除。

（2）生物活性炭滤池

生物活性炭（BAC）滤池是通过强制供氧，提供足够的氧，最大限度地去除废水中的有机物。在 BAC 滤池中，通过吸附、氧化与过滤作用，进一步去除进水的中低浓度有机物；BAC滤池对其进水中的氨氮也具有进一步的去除作用。

（3）斜管沉淀池

在平流式沉淀池的沉淀区内利用倾斜的平行管或平行管道（内充蜂窝填料）分割成一系

列浅层沉淀层，被处理的和沉降的沉泥在各沉淀浅层中相互运动并分离。

 实习讨论与考核

（1）含油污泥有哪些产生来源？分别具有什么特征？

（2）常用的含油污泥处理方法有哪些？

（3）简述含油污泥中离心机的作用机理和影响因素。

（4）简述含油污泥热解工艺流程。

（5）简述含油污泥水–溶剂萃取工艺流程。

（6）简述热解装置的废气处理工艺及原理。

（7）简述含油污泥热解、萃取机理。

（8）简述含油废水处理工艺流程和每一步主要处理对象。

（9）含油污泥处理的难点有哪些？

（10）热解主要控制工艺参数有哪些？

第4章

氯碱化工企业"三废"处置实习

4.1 实习企业及氯碱化工简介

4.1.1 实习企业简介

实习企业具有年产 180 万千瓦热电、215 万吨电石、140 万吨聚氯乙烯、100 万吨离子膜烧碱、95 万吨乙二醇等产品的生产能力，涉及热电、化工、水泥、塑料等多个领域。

该企业提出了产业链大循环和内部过程小循环两个概念。大循环构建以产品为纽带、以降低成本为核心的产业链和以废弃物资源化为核心的资源再利用产业链。小循环则构筑技术与管理、企业与社会结合的立体循环体系。目前已建成了以氯碱化工、现代煤化工、精细化工为核心，资源能源高效利用、废物高效处理的循环经济产业链（图 4-1）。

4.1.2 氯碱化工简介

氯碱化工是以原盐、煤炭、石灰石等作为基本原料，生产烧碱、氯气、氢气、电石等，并以它们为原料生产一系列化工产品的基础化工工业。氯碱产品具有较高的经济延伸价值，广泛应用于农业、石油化工、轻工、化学建材、冶金、国防军工等领域。

早期氯碱工艺有水银电解池法、石棉隔膜电解法，自 1986 年我国引进第一套离子膜烧碱装置后，离子膜法电解工艺得到广泛推广应用。目前氯碱工业全面进入深度调整期，高质量发展成为行业未来的中心工作，氯碱工业生产工艺和节能环保水平逐步提高。隔膜法装置逐步淘汰，氯碱生产过程的余热余压得到进一步利用，大型装备和自动化控制系统的采用促进了节能降耗，废弃物采用先进适用技术进行综合处置，资源综合利用水平得到提高。通过膜法脱硝技术、聚合离心母液废水处理技术、电石渣脱硫技术、含汞废水处理技术等污染防治技术的应用，"三废"和主要污染物排放水平大幅下降。通过不断的产业链设计和技术创新，

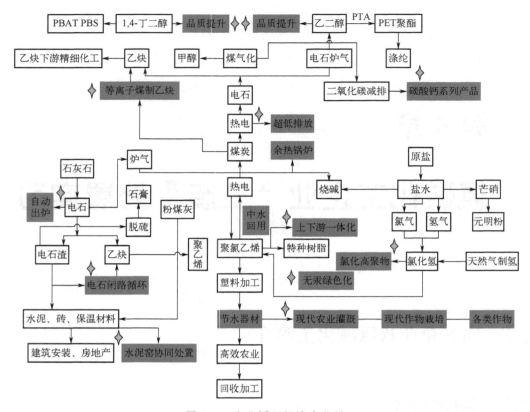

图 4-1　企业循环经济产业链

氯碱工业向清洁生产、循环经济、"零排放"和绿色可持续方向发展。

我国氯碱化工工业存在的主要问题有：离子交换膜、聚合助剂等核心技术装备国产化有待加强；产能过剩、碱氯失衡、产品附加值低，产业结构有待进一步调整；资源能源利用率有待提高；创新驱动高质量发展有待强化；行业企业温室气体、大气污染物、水污染物和固废排放水平较高，环境保护形势依然严峻。

4.2　废水处理实习

氯碱化工企业的生产过程工序繁多并且复杂，不同的生产工序产生的废水水质差异较大，氯碱生产和聚氯乙烯（PVC）生产是废水的主要来源。在氯碱生产的过程中，其废水主要是有化盐工序的预处理水以及酸碱废水；在 PVC 生产阶段中的废水主要有电石渣废水、PVC 聚合水以及氯乙烯合成废水。传统的电石法聚氯乙烯生产工艺主要有乙炔发生、氯乙烯合成和聚合干燥三个阶段，会产生大量的废水，如离心母液水、乙炔上清液、吸收过量 HCl 的杂盐水等。

4.2.1　聚合母液水回收利用

4.2.1.1　废水的来源及特点

在悬浮法 PVC 生产过程中，离心工段会产生大量的 PVC 离心母液，主要来源于反应釜投料用水、中途注入水、喷淋用水、出料用水及汽提塔喷淋水等，均采用去离子水，每生产 1t PVC 消耗去离子水约 3.5t。离心母液具有毒性且难降解。从水质上看，废水中的污染物主要来自树脂生产原材料聚稀乙醇纤维（PVA）、引发剂和双酚 A 等药剂，有机物降解困难；悬浮物（SS）质量浓度为 100~200mg/L，浊度高；COD 质量浓度为 150~250mg/L，有机物浓度较高；水温为 50~75℃。

4.2.1.2　处理工艺流程

实习企业主要采用水解酸化+生物接触氧化工艺进行综合处理。主要采用生物接触滤床，是好氧生物处理工艺——生物膜法中的一种。离心母液废水通过凉水塔降温，在缓冲调节池中对悬浮物 SS 和有机物预处理，经水解酸化池后进入好氧厌氧池（A/O 反应池），有机物在生物接触滤床中反应，废水进入二沉池，同时添加聚合氯化铝（PAC）和聚丙烯酰胺（PAM）混凝沉降，废水经臭氧氧化后，进入曝气式生物滤池（BAF 池），在稳流式砂滤器中进一步曝气，出水经过碳滤器、精密过滤器进一步处理；二沉池中的底泥进入污泥池，经脱水系统处理后泥饼外运。典型工艺流程见图 4-2。

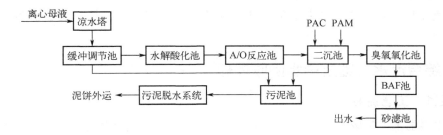

图 4-2　典型生化法处理离心母液工艺流程

实习企业产生的母液水通过反冲洗过滤器和板式换热器降温回收聚氯乙烯颗粒之后，树脂母液水中 COD 浓度为 400~1500mg/L，温度在 35℃ 以下，与传统工艺相比，废水中有机物含量更高，因此，在生物接触滤床典型工艺的基础上，采用多级串并联组合生物接触滤床逐级处理，提高处理效率。母液废水进入一级混凝沉淀槽进行混凝沉降处理，混凝槽中投加絮凝剂，出水经冷却塔进一步冷却至 25~35℃ 后进入一级缓冲池。一级缓冲池母液水中投加营养剂，使后续固定化曝气生物滤床处理中质量比 $m(C):m(N):m(P)=100:5:1$，pH 为 7.5~8.5。母液水泵入一级固定化曝气生物滤床底部进行初步生化处理，生化处理后由顶部溢流进入二级混凝沉降槽去除悬浮物。二级混凝槽出水 70%~80% 回流到一级缓冲池，其余进入二级缓冲池并经泵输送到二级固定化曝气生物滤床完成生物处理。顶部出水进入收集池。收集池出水经泵输送到微粒径吸附槽去除 SS，降低 COD，出水最终达到循环水回用标准，工艺流程见图 4-3。

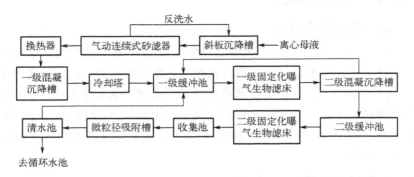

图 4-3 实习企业聚合母液水回收利用工艺流程

4.2.1.3 工艺特点

采用串并联组合的固定化曝气生物滤床，可以在各级滤床中形成较大的有机污染物浓度差，使得每级滤床内生长繁殖的微生物能更好地适应该滤床母液水的水质条件，有利于提高处理效果，出水水质稳定。

采用两级混凝沉降槽和缓冲池组合，去除母液水中的较大悬浮物，同时通过加药系统稳定水质条件，以保证固定化曝气生物滤床中微生物的生长环境。

采用回流方式，一级生物处理后的母液水回流至一级缓冲池，可以起到稀释、均化与稳定进水水质作用，还可以保证各反应槽体、池体的液位和进水流量，使生物膜保持较高的活性。

4.2.2 综合污水处理及中水回收处理

4.2.2.1 工艺流程

中水即再生水，是废水经处理后达到一定的水质指标，满足某种使用要求，可以回用的水，其水质介于自来水与污水之间。实习企业部分生产环节的废水和生活污水送入综合污水处理站集中处理。以往，大部分废水经处理达到排放标准后直接排放。随着节能降耗、绿色环保要求的日益严格，企业采用技术升级，将污水处理达到 GB/T 19923—2024《城市污水再生利用 工业用水水质》标准，将中水回用于系统。

综合污水处理站采用的工艺主要分为预处理、生物处理、污泥处理和中水回用四部分。工艺流程如图 4-4 所示。

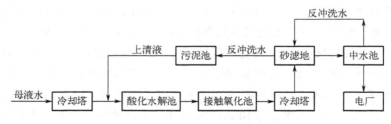

图 4-4 综合污水深度处理回用工艺流程

预处理主要包括 pH 调节池、格栅、隔油和初沉池。

生物处理采用一体化曝气工艺，包括酸化水解池、曝气池和二沉池。

污泥处理是对二沉池中固液分离出的污泥进行处理。

生物处理出水再经砂滤池、活性炭罐两级处理，进一步去除水中残留的细小悬浮物和难降解有机物，水质可稳定达到 GB/T 19923—2024 中敞开式循环冷却水、系统补充水的水质标准，送自备电厂循环使用。

4.2.2.2 中水回用的实施及意义

中水回用是一个系统工程，以实习企业为例，需要先核算全厂各单元水的总量和分析水质，以资源综合利用为目标，基于各单元用水水质要求，确定中水的去向及用量。将处理后的中水循环使用，已经成为行业主要的废水治理措施，形成了水资源利用的闭路循环，进而实现了整个园区的废水"零排放"。中水回用符合清洁生产和可持续发展需要，能为 PVC 企业带来明显的经济、环境和社会效益，促进氯碱化工行业向循环经济、资源集约和环境友好型发展。

4.2.3 含汞废水处理

由于汞催化剂的使用，电石法 PVC 企业不可避免会产生较多的含汞废水。含汞废水主要处理技术包括化学沉淀法、离子交换法、电解法、吸附法和蒸发浓缩法等。

实习企业采用吸附法处理含汞废水。含汞废水经压滤机除去悬浮物和结晶盐，然后进入中间罐，调节 pH 至 5～8 后进入原水箱，然后通过原水泵输送到装有 0.03μm 薄膜的预过滤装置，除去废水中悬浮物、胶体和大分子有机物等。预处理出水进入中间水箱，然后进入吸附柱，利用吸附柱中的除汞吸附剂吸附回收废水中的汞，处理后废水中汞含量降至低于国家排放标准。达到合格指标的出水被收集到产水箱，大部分可作为杂用水回用，小部分作为预过滤装置的反洗水。系统工艺流程如图 4-5。

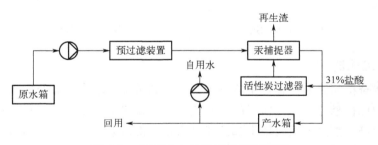

图 4-5 含汞废水吸附处理工艺流程

预过滤装置去除水中悬浮物、胶体和大分子有机物等。除汞吸附剂为树脂材料，能有效吸附回收废水中汞，处理后水中总汞含量稳定低于 0.003mg/L。使用脱附剂对吸附饱和的树脂进行脱附，使其恢复除汞能力，脱附液可用于制备催化剂。

4.2.4 其他废水处理

除以上几种典型废水处理外，还有高含盐废水处理、氯压机循环冷却水回用处理、膜前废水软化及其他废水处理，高含盐有机废水是制约企业发展的难题，该类废水难降解污染物含量高、垢成分复杂，常规的达标排放处理和深度处理均存在不同程度的困难，产生的固废及盐类均按危废对待，给企业造成极大的负担。

4.3 废气处理实习

电石法生产 PVC 过程中，产生的废气包括电石炉气、电石渣烟气、氯乙烯和氯化氢尾气等，针对废气的产生环节，采用相应的处理方法。

4.3.1 电石渣烟气脱硫

4.3.1.1 工艺原理

二氧化硫是大气污染首要控制污染物之一。脱硫剂是烟气脱硫技术效率和成本的关键。实习企业将电石法聚氯乙烯生产过程中产生的电石渣[主要成分 $Ca(OH)_2$]作为脱硫剂，进行电石渣烟气脱硫，将脱硫废渣转化为能够用作水泥缓凝剂的脱硫石膏，既节约成本，又实现了废渣的资源化。

主要反应过程包括：

$$SO_2 + H_2O \Longrightarrow H_2SO_3 \tag{4-1}$$

$$2H_2SO_3 + 2Ca(OH)_2 \Longrightarrow 2CaSO_3 \cdot \frac{1}{2}H_2O + 3H_2O \tag{4-2}$$

$$2CaSO_3 \cdot \frac{1}{2}H_2O + 3H_2O + O_2 \Longrightarrow 2CaSO_4 \cdot 2H_2O \tag{4-3}$$

总反应式为：

$$Ca(OH)_2 + SO_2 + H_2O + \frac{1}{2}O_2 \Longrightarrow CaSO_4 \cdot 2H_2O \tag{4-4}$$

4.3.1.2 工艺流程

电石渣制成合格的浆液贮存在浆液罐中备用，利用反应池上的 4 台侧进式搅拌器使反应池中的固体颗粒保持悬浮状态。新鲜的电石渣浆液经管路送入吸收塔底部的反应池，反应池中的浆液由 3 台循环泵送至吸收塔上部的喷淋系统，形成浆液喷雾，与增压风机送来的自下而上运动的烟气逆流接触，脱去其中的 SO_2。脱硫烟气经除雾后进入烟囱排至大气。

吸收塔中部分浆液和原烟道中的一股烟气进入氧化塔系统，对氧化塔内的浆液进行酸化，以降低其 pH，有利于浆液中的脱硫产物氧化成石膏。空气经氧化风机送入氧化塔反应池，把脱硫反应中生成的亚硫酸钙强制氧化为二水硫酸钙。生成的石膏送至旋流站进行一级脱水，然后流到真空脱水机进行二级脱水，含水率降至 10% 以下，再通过真空皮带输送机送入石膏干燥系统烘干后外运。滤液回收至化浆水储池重复利用。工艺流程见图 4-6。

4.3.1.3 主要处理单元

整套系统包括烟气系统、吸收系统、氧化系统、脱硫剂制备和供给系统、石膏脱水系统、

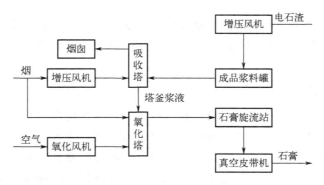

图 4-6 烟气脱硫工艺流程

石膏干燥及贮存系统、电气控制系统、工艺水及辅助系统等。

企业采用"两炉一塔"工艺和 1 套公用系统。

4.3.1.4 工艺特点

采用特殊的塔外氧化脱硫工艺，脱硫效率达到 95%以上，同时确保脱硫石膏质量分数达到 90%以上，完全满足水泥缓凝剂的使用要求。

采用电石渣作为脱硫剂，使得该脱硫装置的年运行成本约为传统石灰石-石膏法脱硫装置的 50%左右。

石灰石-石膏法每脱除 1t SO_2 的同时，约产生 0.69t 工艺 CO_2，而电石渣脱硫法不存在工艺 CO_2 的排放，从而减少了 CO_2 的排放。

4.3.2 石灰粉与二氧化碳尾气生产碳酸钙

氯碱工业电石生产过程中会产生大量氧化钙废渣，电石炉气制乙二醇工艺会产生大量 CO_2，两者排放都会带来环境污染问题。采用工业排放 CO_2 和氧化钙废渣制备碳酸钙，一方面受到电石法钙基废渣力度小，不符合碳酸钙对颗粒尺寸要求的限制，另一方面受到电石炉尾气二氧化碳成分复杂、碳酸钙产品白度差的限制，技术难度高。

实习企业以废弃物资源再利用为原则，开发了以氧化钙废渣和工业排放 CO_2 为原料生产碳酸钙系列产品的整套工艺技术，为工业排放二氧化碳和氧化钙废渣提供了一条全新的高附加值利用途径。

4.3.2.1 碳化和消化技术原理

钙基废渣主要成分为氧化钙，溶于水得到氢氧化钙，精制除杂后得到纯度较高、适宜制备轻质碳酸钙的氢氧化钙精浆，此即消化过程。将二氧化碳通入该浆料，通过控制温度、转速、浓度等参数，可制得符合国家标准的碳酸钙产品，此即碳化过程。主要反应过程如下：

$$CaO+H_2O \longrightarrow Ca(OH)_2 \qquad (4-5)$$

$$Ca(OH)_2 \longrightarrow Ca^{2+}+2OH^- \qquad (4-6)$$

$$CO_2(g) \longrightarrow CO_2(aq) \qquad (4-7)$$

$$CO_2+OH^- \longrightarrow HCO_3^- \qquad (4-8)$$

$$Ca^{2+}+CO_3^{2-} \longrightarrow CaCO_3 \qquad (4-9)$$

碳酸钙颗粒的团聚问题导致其无法直接用于有机塑料、涂料等高分子基质中做添加剂，需要对其改性。碳酸钙表面改性方法包括湿法和干法。常用的湿法改性是在碳化后的熟浆溶液中，加入适量改性剂，如硬脂酸盐、表面活性剂等，进行表面改性，使碳酸钙表面能降低，避免团聚现象。

4.3.2.2 工艺流程

首先对钙基废渣进行消化，将得到的悬乳状氢氧化钙在高剪切力作用下粉碎，经多级悬液分离除去颗粒及杂质，得到一定浓度的氢氧化钙悬乳液。通入二氧化碳，加入适当的表面改性剂，碳化至终点，得到要求晶型的碳酸钙浆液，再进行脱水、干燥、表面处理，得到所要求的活性碳酸钙产品。主要生产过程分消化、碳化改性和干燥包装三个工序。工艺流程如图 4-7 所示。

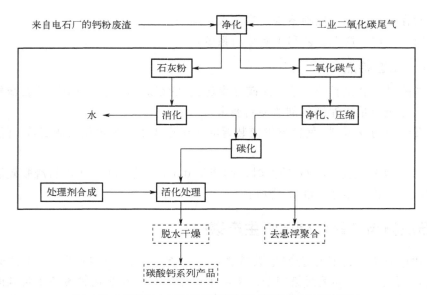

图 4-7 石灰粉与二氧化碳尾气生产碳酸钙工艺流程

4.3.2.3 主要设备

① 消化反应器，也称化灰机，普遍应用于湿法消化石灰，具有机械化程度高、产量大、环境污染小等特点，适用于本工艺。

② 碳化反应器，亦称碳化塔，用于氢氧化钙与二氧化碳的碳化反应，是合成碳酸钙的核心装置。本项目采用间歇搅拌式碳化工艺。碳化塔能增加气液接触面积，使碳化反应更均匀，得到的产品粒径分布也较窄。

③ 压滤机，是利用压力差作用使原料侧固液混合物中的液体析出，并穿过多孔渗透性屏障（滤布或滤网）排出，完成固液分离的一种专用设备。

④ 干燥器，采用旋转列管干燥机，该设备利用了热传导及对流传热原理，具有热损失少、热效率高、干燥效果好的特点。

⑤ 包装机，采用轻质粉包装机，强迫给料，装袋过程采用缓释技术抑制粉尘发生，且备有除尘口，及时吸除粉尘，既保证称量准确度，又保护作业环境。

4.3.2.4 实施效果

企业建成 3 万吨/年的碳酸钙工业示范装置，形成一整套碳酸钙制备工业示范技术。每年可减排 1.5 万吨二氧化碳和 1.95 万吨钙基废渣，减少原生矿石开采 3.6 万吨。

4.3.3 其他废气处理

4.3.3.1 湿法烟气 SO_2 处理

脱硫系统采用电石渣-石膏法湿法脱硫工艺，电石渣浆液的主要成分为 5%～25%$Ca(OH)_2$、0.03%硫化物和磷化物。烟气进入脱硫塔与由上而下喷淋的循环液接触，循环液吸收烟气中的二氧化硫生成亚硫酸钙，副反应生成硫酸钙。

湿法烟气脱硫的基本原理是：SO_2 溶于水后生成 H_2SO_3，然后在一定条件下与碱性物质发生反应，生成稳定的盐，从而脱去烟气中的 SO_2。处理后的烟气通过脱硫吸收塔顶部烟囱排入大气，塔体及烟囱高度约为 34.5m。

4.3.3.2 NO_x 处理

氯碱化工企业一般都配有蒸发固碱装置。此装置主要废气是固碱工序熔盐炉排出的烟道气，其主要成分为 SO_2、NO、NO_2、CO、CO_2 和 H_2O、颗粒物等。熔盐炉烟气需经脱硝、除尘、脱硫处理装置。脱硝采用选择性催化还原技术，脱硝剂为氨水，储罐内的氨水溶液经输送泵输送至计量分配模块，再与压缩空气混合经喷枪雾化后，喷入高温旁路烟道内热解，产生氨气。热解后的氨气与烟气在静态混合器作用下快速混合并经整流格栅均流后进入 SCR 反应器，在催化剂的作用下与烟气中的 NO_x 反应生成 N_2 和 H_2O，达到烟气脱硝的目的。

4.3.3.3 VOCs 处理

氯乙烯是挥发性有机化合物（VOCs）的一种，针对 VOCs 的处理技术大致有两大类：一种是物理回收技术，包括吸附法、吸收法、冷凝法、膜法等；另一种是通过化学或生物技术，包括燃烧法、催化氧化法、生物法等。

对于乙炔，通常将乙炔气溶解在废次钠溶液中，平均温度为 25℃时，乙炔气溶解度最大，这时可以除去大部分乙炔气。

4.3.3.4 除尘技术

除尘技术主要有机械除尘、袋式除尘、湿法除尘等。烟气采用布袋除尘器除尘，滤袋上的粉尘经压缩空气定期喷吹，掉落在灰斗内，再经卸料阀及螺旋输送机输送至灰仓存储，煤灰经吸灰车拉至水泥厂。

4.4 固废处理实习

氯碱化工生产过程中，工业固体废弃物主要是电石渣、粉煤灰、石灰渣、炉渣、焦粉等，还有盐泥、汞催化剂及含汞废物等。电石渣制水泥、粉煤灰烧结砖、电石渣烟气脱硫等废渣再利用技术，可以有效实现化工—水泥—建筑的废物利用循环产业链。下面重点介绍固体废物水泥窑协同处置和含汞催化剂处理技术。

4.4.1 水泥窑协同处置

水泥窑协同处置是水泥工业提出的一种新的废弃物处置手段，是指将满足入窑要求或经过预处理后满足入窑要求的固体废物投入水泥窑，在进行水泥熟料生产的同时实现对固体废物的无害化处置过程。水泥窑协同处置废物是无害化、减量化和资源化处置废物的重要技术途径，是国家鼓励应用技术。

4.4.1.1 工艺流程

（1）水泥生产典型工艺流程

水泥的生产主要包括原料准备、生料制备、熟料煅烧、水泥磨粉、包装和储存等工艺流程（见图4-8）。

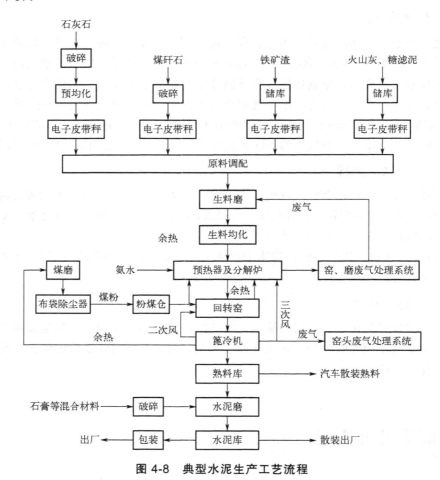

图 4-8 典型水泥生产工艺流程

① 原料准备：首先，根据生产需要，选择合适的原料，主要包括石灰质原料（如石灰石、白垩等）和黏土质原料（如黏土、黏土质页岩等）。这些原料提供水泥所需的主要化学成分，

如CaO、SiO_2、Al_2O_3及Fe_2O_3等。有时，如果原料的化学成分不满足要求，还需要加入校正原料，如黄铁矿渣等。

② 生料制备：将选定的原料按照一定比例混合后，在磨机中磨成细粉，形成生料。这一步是水泥生产中的"两磨一烧"中的第一磨。

③ 熟料煅烧：生料被送入水泥窑中进行煅烧。对于窑外分解窑工艺，生料的预热和分解主要在悬浮预热器和分解炉中进行，而熟料的烧成则在回转窑中进行。这种工艺提高了原料的分解率和能量利用率，降低了能耗并提高了产量和质量。

④ 水泥粉磨：从窑中出来的熟料被冷却后，与适量的石膏和可能的混合材料一起磨细，形成水泥。这一步是"两磨一烧"中的第二磨。

⑤ 包装和储存：最后，水泥可以进行包装或直接运送到施工现场使用，或者储存待用。

（2）水泥窑协同固体废物处理流程

协同处置固体废物总体流程包括准入评估、接受与分析、厂内储存、制订配伍及投加方案、预处理、物料投加、窑内焚烧处置等。

（3）水泥窑协同处理固体废物污染控制要求

水泥窑协同处理危险废物时，设置了相应的准入要求，GB 30485—2013《水泥窑协同处置固体废物污染控制标准》和GB/T 30760—2024《水泥窑协同处置固体废物技术规范》中规定，禁止下列固体废物入窑进行协同处置：放射性废物，爆炸物及反应性废物，未经拆解的废电池、废家用电器和电子产品，含汞的温度计、血压计、荧光灯管和开关，铬渣，未知特性和未经鉴定的废物。

GB 30485—2013中还规定入窑固体废物应具有相对稳定的化学组成和物理特性，其重金属以及氯、氟、硫等有害元素的含量及投加量应满足HJ 662—2013《水泥窑协同处置固体废物环境保护技术规范》的要求。HJ 662—2013中规定了入窑协同处置的固体废物特性要求：①入窑固体废物应具有稳定的化学组成和物理特性，其化学组成、理化性质等不应对水泥生产过程和水泥产品质量产生不利影响；②入窑固体废物中如含有HJ 662—2013表1中所列重金属成分，其含量应该满足HJ 662—2013第6.6.7条的要求；③入窑固废中硫（S）元素含量应满足HJ 662—2013第6.6.9条的要求。危险废物和有机废物不能混合进料。金属最大允许投加量限值见表4-1。每生产单位质量熟料或水泥时，某种元素或成分投加质量单位用mg/kg-cli或mg/kg-cem表示。

表4-1 重金属最大允许投加量

重金属	单位	最大允许投加量
汞（Hg）	mg/kg-cli	0.23
铊+镉+铅+15×砷（Tl+Cd+Pb+15As）		230
铍+铬+10×锡+50×锑+铜+锰+镍+钒（Be+Cr+10Sn+50Sb+Cu+Mn+Ni+V）		1150
总铬（Cr）	mg/kg-cem	320
六价铬（Cr^{6+}）		10（入窑材料+混合材料）
锌（Zn）		37760
锰（Mn）		3350
镍（Ni）		640

重金属	单位	最大允许投加量
钼（Mo）		320
砷（As）		4280
镉（Cd）	mg/kg-cem	40
铅（Pb）		1590
铜（Cu）		7920
汞（Hg）		4（仅计混合材料）

表 4-1 中，入窑重金属投加量与固体废物、常规燃料、常规原料中重金属含量以及重金属投加速率的关系如下：

$$\mathrm{FM_{hm-cli}} = \frac{C_\mathrm{w} \times m_\mathrm{w} + C_\mathrm{f} \times m_\mathrm{f} + C_\mathrm{r} \times m_\mathrm{r}}{m_\mathrm{cli}} \qquad (4\text{-}10)$$

$$\mathrm{FR_{hm-cli}} = \mathrm{FM_{hm-cli}} \times m_\mathrm{cli} = C_\mathrm{w} \times m_\mathrm{w} + C_\mathrm{f} \times m_\mathrm{f} + C_\mathrm{r} \times m_\mathrm{r} \qquad (4\text{-}11)$$

式中，$\mathrm{FM_{hm-cli}}$ 为重金属单位熟料加量，即入窑重金属的投加量，不包括由混合材料带入的重金属，mg/kg-cli；C_w、C_f、C_r 分别为固体废物、常规燃料和常规原料的重金属含量，mg/kg；m_w、m_f、m_r 分别为单位时间内固体废物、常规燃料和常规原料的投加量，kg/h；m_cli 为单位时间的熟料产生量，kg/h；$\mathrm{FR_{hm-cli}}$ 为入窑重金属的投加速率，不包含由混合材料带入的重金属，mg/h。

表 4-1 中，单位为 mg/kg-cem 的重金属投加量和投加速率的关系如下：

$$\mathrm{FM_{hm-cem}} = \frac{C_\mathrm{w} \times m_\mathrm{w} + C_\mathrm{f} \times m_\mathrm{f} + C_\mathrm{r} \times m_\mathrm{r}}{m_\mathrm{cli}} \times R_\mathrm{cli} + C_\mathrm{mi} \times R_\mathrm{mi} \qquad (4\text{-}12)$$

$$\mathrm{FR_{hm-cem}} = \mathrm{FM_{hm-cem}} \times m_\mathrm{cli} \times \frac{R_\mathrm{cli} + R_\mathrm{mi}}{R_\mathrm{cli}}$$

$$= C_\mathrm{w} \times m_\mathrm{w} + C_\mathrm{f} \times m_\mathrm{f} + C_\mathrm{r} \times m_\mathrm{r} + C_\mathrm{mi} \times m_\mathrm{cli} \times \frac{R_\mathrm{mi}}{R_\mathrm{cli}} \qquad (4\text{-}13)$$

$$= \mathrm{FM_{hm-cli}} \times m_\mathrm{cli} + C_\mathrm{mi} \times m_\mathrm{cli} \times \frac{R_\mathrm{mi}}{R_\mathrm{cli}}$$

式中，$\mathrm{FM_{hm-cem}}$ 为重金属单位水泥投加量，包括由混合材料带入的重金属，mg/kg-cem；C_w、C_f、C_r 和 C_mi 分别为固体废物、常规燃料、常规原料和混合材料中的重金属含量，mg/kg；m_w、m_f、m_r 分别为单位时间内固体废物、常规燃料、常规原料的投加量，kg/h；m_cli 为单位时间的熟料产生量，kg/h；R_cli 和 R_mi 分别为水泥中熟料和混合材料的百分比，%；$\mathrm{FR_{hm-cem}}$ 为重金属的投加速率，包含由混合材料带入的重金属，mg/h；$\mathrm{FR_{hm-cli}}$ 为入窑重金属的投加速率，不包含由混合材料带入的重金属，mg/h。

协同处置企业应根据水泥生产工艺特点控制随物料入窑的氯（Cl）和氟（F）元素的投加量，以保证水泥的正常生产和熟料质量符合国家标准。入窑料中氟元素的含量≤0.5%，氯元素含量≤0.04%。

入窑物料中 F 和 Cl 含量计算公式如下：

$$C = \frac{C_\text{w} \times m_\text{w} + C_\text{f} \times m_\text{f} + C_\text{r} \times m_\text{r}}{m_\text{w} + m_\text{f} + m_\text{r}} \qquad (4\text{-}14)$$

式中，C 为入窑物料中 F 或 Cl 元素的含量，%；C_w、C_f、C_r 分别为固体废物、常规燃料和常规原料中的 F 或 Cl 含量，%；m_w、m_f、m_r 分别为单位时间内固体废物、常规燃料、常规原料的投加量，kg/h。

协同处置企业应控制物料中硫（S）元素的投加量。通过配料系统投加的物料中硫化物与有机硫总含量 ≤0.014%；从窑头、窑尾高温区投加的全硫与配料系统投加的硫酸盐硫总投加量 ≤3000mg/kg-cli。

从配料系统投加的物料中硫化物和有机硫总含量计算公式如下：

$$C = \frac{C_\text{w} \times m_\text{w} + C_\text{r} \times m_\text{r}}{m_\text{w} + m_\text{r}} \qquad (4\text{-}15)$$

式中，C 为从配料系统投加的入料中硫化物和有机硫总含量，%；C_w、C_r 分别为固体废物和常规原料中的硫化物和有机硫总含量，%；m_w、m_r 分别为单位时间内固体废物、常规原料的投加量，kg/h。

从窑头、窑尾高温区投加的全硫与配料系统投加的硫酸盐硫总投加量 FM_s 计算公式如下：

$$\text{FM}_\text{s} = \frac{C_\text{w1} \times m_\text{w1} + C_\text{w2} \times m_\text{w2} + C_\text{f} \times m_\text{f} + C_\text{r} \times m_\text{r}}{m_\text{cli}} \qquad (4\text{-}16)$$

式中，C_w1、C_f 分别为从高温区投加的固体废物和常规燃料中的全硫含量，%；C_w2、C_r 分别为从配料系统投加的固体废物和常规原料中的硫酸盐含量，%；m_w1、m_w2、m_f、m_r 分别为单位时间内从高温区投加的固体废物、从配料系统投加的固体废物、常规燃料、常规原料的投加量，kg/h；m_cli 为单位时间的熟料产生量，kg/h。

（4）协同处置投加控制要求

所有危险废物及可燃性一般工业废物在高温区投入水泥窑系统。高温区包括以下位置：主燃烧器、窑尾烟室、分解炉燃烧器、分解炉等。固体废物在水泥窑投加位置为：废液在废液车间进行处理后，由压缩空气输送泵喷枪雾化废液射入水泥生产线窑头罩门；固体/半固体废物经过固态、半固态废物处置车间进行破碎调配后，由泵直接打入窑尾分解炉；不含挥发/半挥发性有机物的固态废物由非挥发固废处置车间进生料磨投加。

① 窑头（窑门罩）投料点：物料温度为 750～850℃。整个回转窑内物料温度为 900～1450℃，停留时间约为 20min，烟气温度为 1150～2000℃，停留时间约为 10s。

② 分解炉及上升管道投料点：物料温度为 750～900℃，停留时间约为 10s，气体温度为 850～1150℃，停留时间约为 3s。在悬浮预热器内，物料温度为 100～750℃，停留时间约为 50s，气体温度为 350～850℃，停留时间约为 10s。

③ 窑尾烟室投加点：950～1050℃。

④ 原料磨投加点：200～220℃。不含有机质（有机质含量小于 0.5%，二噁英含量小于 10ngTEQ/kg，其他特征有机物含量不大于常规水泥生料中相应的有机物含量）和氰化物（CN⁻ 含量小于 0.01mg/kg）的工业污泥可以从生料磨加入。

投加点示意图见图 4-9。根据每次接收废物类别进行配伍，选择 1～2 个投加口进行投加焚烧处置。投加口按照 GB/T 30760—2024 要求进行设置，根据固体废物不同理化性质分别进行投加。投加口位置应设置合理。

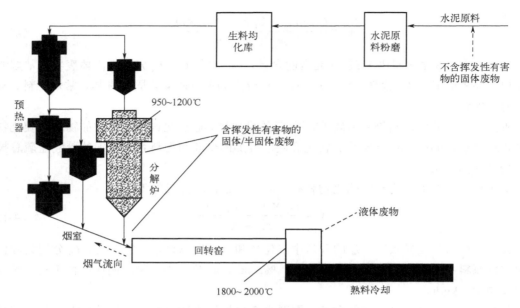

图 4-9　固体废物投加点示意图

4.4.1.2　实习企业水泥窑协同处置

（1）工艺流程

污水处理厂产生的含水 60%～70%的污泥运输至污泥接收系统，污泥依次经过污泥接收仓、刮板输送机、双齿辊式破碎机、NE 板链提升机、污泥储存仓和定量给料机输送系统进入污泥干化系统，干化后的污泥入窑焚烧。

（2）实施效果

企业协同处置城市生活污泥规模为 400 吨/天，按每年 300 天运行时间计，年处理生活污泥 12 万吨。水泥窑协同处置污泥具有处置温度高、焚烧空间大、停留时间长、处理规模大、不产生二次污染等特点。依托企业新型干法水泥生产线，实现污泥协同处置。

4.4.2　废汞催化剂回收技术

由于电石法聚氯乙烯行业无汞催化剂成本高、生产技术有待进一步完善、全生命周期评估尚未完成等问题，工业化尚需时日。据悉，电石法聚氯乙烯行业每年用汞量 700 余吨，产生含汞固体废物约 2 万吨，汞主要以氯化汞的形式存在。

4.4.2.1　技术原理

氯化汞与 NaOH 反应，生成氧化汞，然后利用蒸馏炉加热至 700～800℃，使氧化汞在高温下分解为汞蒸气，经冷凝系统后回收汞，化学方程式如下：

$$Hg^{2+} + 2OH^- \longrightarrow HgO\downarrow + H_2O \tag{4-17}$$

$$2HgO \xrightarrow{700\sim800℃} 2Hg\uparrow + O_2\uparrow \tag{4-18}$$

4.4.2.2　工艺流程

主要包括预处理、蒸馏、冷凝及净化、汞贰处理、废水及尾气处理等工艺，其流程见图

4-10。

预处理工艺：以烧碱为预处理剂，采用碱浸罐密闭处理，烧碱处理后的废汞催化剂进入振动流化床内，在负压状态下干燥至水分<5%。

蒸馏工艺：微负压条件下，干燥后的物料经上料系统进入电阻蒸馏炉内，控制反应温度为700～800℃，炉内产生的汞蒸气依靠水力喷射真空机组依次进入冷凝系统。

冷凝及净化工艺：对汞蒸气采用"冷却罐+列管冷却器+多层冷却器+翅片冷凝管+水洗塔"冷凝净化系统。汞蒸气依次进入上述各冷凝设备，收集相应的液态金属汞和汞泵。

汞泵处理：汞泵含汞量为70%～80%，经旋流器分离，多次分离后分离出的金属汞送至汞储存罐，残渣沉淀、干燥后送蒸馏炉再蒸馏。

废水处理：废水集中收集至废水池，经沉淀静置处理得到上清液，泵至冷凝系统循环使用。

尾气处理：采用"水力喷射真空机组+冷却缓冲罐+多级重金属尾气处理装置+五级吸附床+负压尾气处理装置+活性炭吸附装置"系统。

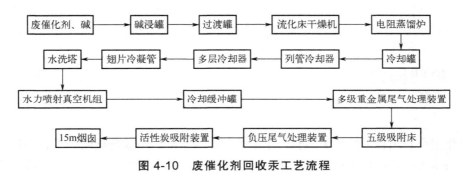

图 4-10　废催化剂回收汞工艺流程

 实习讨论与考核

（1）简述 PVC 离心母液的水质特点。

（2）简述 PVC 离心母液的现有处理工艺及处理目标。

（3）简述中水定义和处理回用工艺。

（4）简述回用水水质标准。

（5）简述含汞废水处理工艺及其优缺点。

（6）了解危废处理项目突发环境事件应急预案。

（7）简述现有烟气脱硫工艺及其优缺点。

（8）你还能找出哪些潜在可能的烟气脱硫剂？

（9）了解工业企业温室气体减排技术及技术实施难点。

（10）水泥窑协同处置工艺中，如何防止协同处置对原水泥生产线造成不利影响？

（11）根据水泥窑协同处置工艺特点，分析该工艺不产生二次污染的原因。

第5章

煤化工企业"三废"处理处置实习

5.1　企业简介

　　某煤化工企业项目以煤炭为原料，采用煤气化制甲醇、甲醇转化制烯烃、烯烃分离和聚合等工艺技术生产高压聚乙烯、聚丙烯高附加值产品，并副产丙烷、丁烷、戊烷、硫黄、硫酸铵等产品。采用甲醇制烯烃（MTO）技术，生产 60 万吨/年烯烃产品（乙烯+丙烯），具有甲醇单耗低、水系统固含量少、综合能耗低的优点。装置主要由反应-再生系统、急冷水洗-汽提系统和 CO-余热锅炉及余热产汽系统组成。SHMTO 生产工艺是将 MTO 级甲醇经流化催化反应后生产富含乙烯和丙烯的轻烯烃混合气。该技术对传统煤化工向石油化工延伸、石油制烯烃补充替代、高碳能源低碳化利用等具有重要意义。实习企业厂区布局见图 5-1。

5.2　煤化工工业简介

　　煤化工工业是以煤为原料，经过物理和化学反应转化为气体、液体和固体燃料以及化学品的过程，主要包括煤的气化、液化、干馏以及焦油加工和电石乙炔化工等。煤中有机质的化学结构是以芳香族为主的稠环为单元核心，由桥键互相连接，并带有各种官能团的大分子结构，通过热加工和催化加工，可以使煤转化为各种燃料和化工产品。煤化工产业是我国重要的能源化工产业之一，其产品广泛应用于化工、能源、医药、农业等领域。

　　煤的焦化是指将煤在高温下隔绝空气进行加热，使其生成焦炭、焦炉煤气和煤焦油的过程。焦炭主要用于高炉炼铁和铸造等领域，煤焦油则可以用于制取塑料、染料、香料、农药、

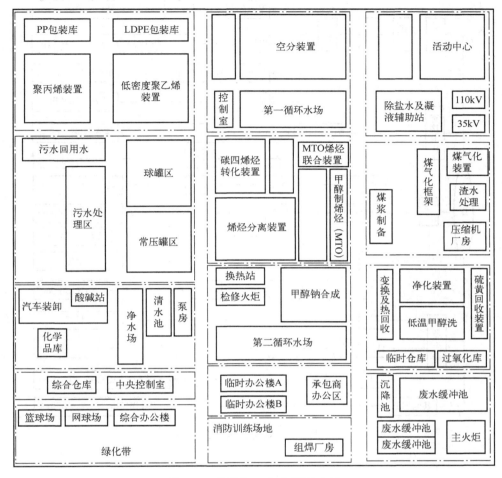

图 5-1　某煤化工企业厂区布局

医药、溶剂、防腐剂、胶黏剂、橡胶、碳素制品等。

煤的气化是指将煤在高温下与气化剂（通常是氧气、二氧化碳或水蒸气）进行反应，生成气体燃料（如一氧化碳、氢气等）的过程。煤气化生产的合成气是合成液体燃料、化工原料等多种产品的原料。

煤的液化是指将煤通过加氢、加压等反应，转化为液体燃料（如人造石油）的过程。在石油短缺时，煤的液化产品将替代天然石油，成为重要的能源来源。

此外，煤化工还包括煤制合成氨、煤制甲醇、煤制烯烃、煤制乙二醇等过程。这些过程都以煤为原料，通过化学反应生成各种化学品，广泛应用于化工、医药、农业等领域。

目前，我国煤化工行业可分为传统煤化工和新型煤化工。传统煤化工主要包括煤焦化和煤气化制合成氨；新型煤化工包括煤气化制取甲醇、二甲醚及其下游产品，煤间接液化制烃类燃料、醇类原料和化学品，以及煤直接液化制液体燃料等过程。煤化工典型工艺见图 5-2。

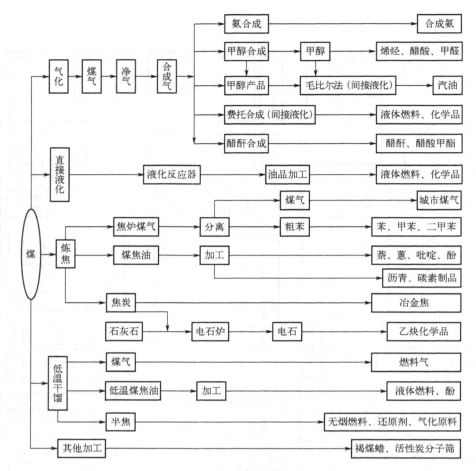

图 5-2　煤化工典型工艺

5.3　零排放废水处理现场实习

5.3.1　废水处理总体工艺流程

某煤化工企业原有工程废水排放情况见图 5-3，现有工程废水排放情况见图 5-4，现外排水量 376.2m³/h（包含脱盐水站排污水、中水处理装置排污水、生化污水处理）；气化灰水处理装置和零排放处理系统主要用来处理清水回用于气化装置补水，浓水通过生化处理系统，主要处理脱盐水处理系统浓水、中水处理系统浓污水。气化灰水经处理系统进行处理后回用于气化灰水系统，零排放系统最终产水为高品质反渗透产水用于洗渣等对水质要求较低的环节，技术可行。

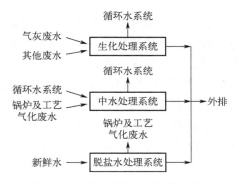

图 5-3　原有工程废水排放工艺

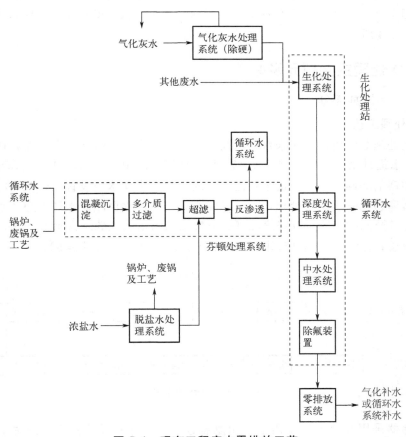

图 5-4　现有工程废水零排放工艺

5.3.2　气化灰水一体化处理系统

气化灰水一体化处理装置采用撬装设计，PLC 自动控制，可实现手动与自动运行。

5.3.2.1　工艺流程概述

气化灰水一体化处理装置设计原灰水取自气化炉灰水系统的灰水沉降槽，原灰水首先进入多介质过滤器，去除水中的浊度、悬浮物等，然后进入纳米过滤器，去除灰水中的硬度，该装置产水直接回到气化炉水系统的灰水槽，并循环使用。纳米过滤器为模块化设计的整体撬装结构，采用纳米颗粒吸附技术，主要对水中的钙、镁离子进行吸附，在不降低水温的条件下实现高温下降低灰水中的硬度，然后在常温下通过解析装置使吸附装置恢复吸附性能，保证出水硬度满足生产工艺要求。吸附装置吸附饱和后，与吸附系统隔离，由解析装置对吸附饱和后的吸附装置进行解析，使吸附装置恢复吸附性能，保证吸附器周而复始地循环使用，解析液主要成分为 NaCl；解析在常温下通过解析液将吸附器吸附的硬度洗脱出来，恢复吸附装置的吸附性能，保证吸附装置满足生产要求，实现重复使用。该单元产生的主要污染为各提升泵运行噪声和多介质过滤器定期更换的废滤料。

5.3.2.2 零排放系统

零排放系统通过预处理工艺、纳滤（NF）产水处理工艺、纳滤浓水处理工艺、反渗透（RO）产水精制处理工艺、杂盐蒸发干燥系统、污泥脱水系统，从而得到高品质反渗透产水。废水排放情况如图 5-4 所示。

5.3.3 废水处理主要单元及装置

5.3.3.1 零排放系统

（1）预处理工艺

现有污水处理装置生化系统来水（浓盐水）通过压力流被输送至调节池。在调节池设置提升泵，将废水提升至高密度沉淀池（高密池）。在高密池中投加 NaOH、Na_2CO_3 药剂进行化学软化，投加镁剂除硅。高密池出水自流入中间水池。中间水池设置提升泵，将废水提升至多介质过滤器和超滤装置进行处理，去除悬浮物。超滤出水至超滤水池。超滤水池设置提升泵，将废水提升至弱酸阳床进行深度除硬。弱酸阳床出水经脱碳塔去除 CO_2 后，进入脱碳水池。脱碳水池设置提升泵，提升废水至 NF 单元进行预分盐（见图 5- 5）。

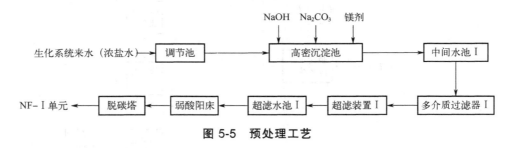

图 5-5 预处理工艺

机械过滤器采用多介质过滤器Ⅰ和超滤装置Ⅰ，多介质过滤器Ⅰ反冲洗平均用水量为 6.85m³/h（49320m³/a），超滤装置Ⅰ反冲洗平均用水量为 13.70m³/h（98640m³/a），均由超滤水池供给。多介质过滤器Ⅰ反冲洗废水产生量为 6.85m³/h（49320m³/a），超滤装置Ⅰ反冲洗废水产生量为 13.70m³/h（98640m³/a），均送调节池。二级弱酸阳床树脂再生过程冲洗水平均用水量为 3.70m³/h（26640m³/a），由反渗透装置（RO）产水池提供，再生废水产生量为 3.70m³/h（26640m³/a），呈酸性，经酸碱中和后送调节池。

该单元产生的主要污染物为各提升泵运行噪声、高密池产生的污泥、多介质过滤器和超滤装置定期更换的废滤料、二级弱酸阳床定期更换的废离子交换树脂（主要设备见表 5-1）。

表 5-1 中水（气化灰水）处理主要设备表

序号	设备名称	主要技术参数
		中水（气化灰水）处理装置
1	多介质过滤器	处理量：400m³/h
2	纳米过滤器	处理量：300m³/h
3	解析装置	解析液撬装设备，处理量：20m³/h
		废水零排放系统
1	调节池	
1.1	潜水搅拌机	功率为 0.85kW，含导流罩及安装系统
1.2	提升泵	Q=60m³/h，H=15m，N=5.5kW，2 用 1 备
2	高密池	
2.1	混合搅拌机	混合池尺寸 0.8m×0.8m×3m，功率 0.75kW
2.2	絮凝搅拌机	导流筒直径 0.8m，功率 0.75kW
2.3	污泥回流泵	Q=2m³/h，H=30m，N=1.5kW，2 用 1 备
2.4	污泥排放泵	Q=8.075m³/h，H=30m，N=3kW，2 用 1 备
2.5	后混合搅拌机	混合池尺寸 0.8m×0.8m×3m，功率 0.75kW
3	中间水池	
3.1	提升泵	Q=69m³/h，H=50m，N=22kW，2 用 1 备
4	多介质过滤器	23200mm×1800mm 22600mm×1800mm
4.1	过滤器反洗泵	Q=289m³/h，H=30m，N=45kW
4.2	过滤器反洗风机	Q=7.24m³/min，P=49kPa，N=11kW
5	超滤 Ⅰ	单套净处理能力 62m³/h，系统回收率≥90%
	超滤 Ⅱ	单套净处理能力 45m³/h，系统回收率≥90%
5.1	超滤反洗泵	Q=93m³/h，H=30m，N=15kW，1 用 1 备
5.2	电加热器	22kW
5.3	超滤化学清洗泵	Q=60m³/h，H=30m，N=11kW，1 台
6	超滤水池	
6.1	提升泵	Q=62m³/h，H=30m，N=11kW，2 用 1 备
7	两级弱酸阳床	Q=123.2m³/h，φ=2600mm，1 用 2 备
7.1	大孔弱酸阳树脂	树脂装填高度 1200mm
7.2	酸储槽	容积 V=15m³
7.3	碱储槽	容积 V=20m³
8	脱碳水池	
8.1	提升泵	Q=62m³/h，H=30m，N=11kW，2 用 1 备
8.2	脱碳塔	Q=124m³/h，φ=1800mm，填料高 2200mm，配套风机功率 5.5kW
9	NF Ⅰ	单套产水量 86.3m³/h，回收率 70%，1 用 1 备

序号	设备名称	主要技术参数
9.1	NF I 高压泵	Q=123m³/h，H=150m，N=90kW，1用1备
9.2	NF I 冲洗泵	Q=128m³/h，H=30m，N=18.5kW，1用1备
9.3	清洗水泵	Q=96m³/h，H=30m，N=15kW，1台
9.4	电加热器	37kW
10	NF II	单套产水量25.2m³/h，回收率68%，1用1备
10.1	NF II 高压泵	Q=37m³/h，H=360m，N=75kW，1用1备
11	NF 产水池	
11.1	提升泵	Q=56m³/h，H=30m，N=11kW，2用1备
12	RO I	单套产水量90.5m³/h，回收率70%，1用1备
12.1	RO I 高压泵	Q=129m³/h，H=150m，N=90kW，1用1备
12.2	RO I 冲洗泵	Q=128m³/h，H=30m，N=18.5kW，1用1备
12.3	清洗水泵	Q=96m³/h，H=30m，N=15kW
13	RO I 产水池	
13.1	提升泵	Q=60m³/h，H=30m，N=11kW，2用1备
14	二级 RO	单套产水量90.5m³/h，回收率70%，1用1备
14.1	二级 RO 高压泵	Q=119m³/h，H=130m，N=75kW，2台
14.2	产水外送泵	Q=56m³/h，H=30m，N=11kW，2用1备
15	除硅高密池	
15.1	混合搅拌机	混合池尺寸0.6m×0.6m×3m，功率0.37kW
15.2	絮凝搅拌机	导流筒直径0.6m，功率0.37kW
15.3	中心传动刮泥机	池直径5m，池深7m，功率1.1kW
15.4	污泥回流泵	Q=1m³/h，H=30m，N=0.75kW，1用1备
15.5	污泥排放泵	Q=1m³/h，H=30m，N=0.75kW，1用1备
16	中间水池 II	
16.1	提升泵	Q=45m³/h，H=50m，N=15kW，1用1备
17	多介质过滤器 II	
17.1	过滤器反洗泵	Q=191m³/h，H=30m，N=30kW，1用1备
17.2	过滤器反洗风机	Q=4.78m³/h，P=49kPa，N=11kW，1用1备
18	超滤 II	单套净处理能力45m³/h，系统回收率≥90%
18.1	超滤反洗泵	Q=65m³/h，H=30m，N=11kW，1用1备
18.2	电加热器	22kW
18.3	超滤化学清洗泵	Q=42m³/h，H=30m，N=7.5kW，1台
19	超滤水池 II	
19.1	提升泵	Q=45m³/h，H=30m，N=7.5kW，1用1备

序号	设备名称	主要技术参数
20	RO II	单套产水量 26.7m³/h，回收率 70%
20.1	RO II 高压泵	Q=38m³/h，H=400m，N=90kW，2 台
21	RO II 浓水池	
21.1	提升泵	Q=12m³/h，H=30m，N=3kW，1 用 1 备
22	EDM 系统	
22.1	清水循环泵	Q=88m³/h，H=20m，N=11kW，1 用 1 备
22.2	浓水循环泵	Q=44m³/h，H=20m，N=5.5kW，1 用 1 备
23	RO 浓水池（氯化钠蒸发结晶进水池）	
23.1	提升泵	Q= m³/h，H=30m，N=2.2kW，1 用 1 备
24	NF2 浓水池	
24.1	提升泵	Q=12m³/h，H=30m，N=3kW，1 用 1 备
25	AOP-特种吸附	
26	AOP-臭氧氧化	
26.1	臭氧接触塔	φ=2.5m，H=6m
26.2	臭氧发生器	空气源，臭氧产量 2kg/h，N=55kW
26.3	空气处理系统	臭氧发生器配套，N=16kW
26.4	冷却循环泵	Q=16m³/h，H=30m，N=4kW，1 用 1 备
27	污泥脱水	
27.1	搅拌机	N=1.5kW
27.2	污泥螺杆泵	Q=31m³/h，H=60m，N=15kW，2 用 1 备
27.3	隔膜板框压滤机	过滤面积 200m 号含液压站、自动拉板等，功率 11.75kW
28	中和水池	
28.1	提升泵	Q=50m³/h，H=30m，N=7.5kW，1 用 1 备
29	反排收集池	
29.1	提升泵	Q=50m³/h，H=30m，N=7.5kW，1 用 1 备
29.2	NaOH（30%）储罐	有效容积 120m³
29.3	NaOH（30%）卸药泵	Q=120m³/h，H=20m，N=22kW，2 用 1 备
29.4	NaClO（10%）储罐	有效容积 10m³
29.5	偏铝酸钠储罐	有效容积 10m³
29.6	HCl（31%）储罐	有效容积 40m³
30	氯化钠蒸发结晶	
30.1	结晶器进料罐	工作容积 1.5m³
30.2	结晶器循环泵及电机	轴流泵 1380m³/h，扬程 4m，37kW
30.3	结晶器冷凝液罐	容积 2.0m³

序号	设备名称	主要技术参数
30.4	工艺蒸汽冷凝液罐	容积 2.0m³
30.5	母液罐	容积 1.5m³
30.6	盐酸罐	工作容积 2.0m³
30.7	消泡剂罐	工作容积 1.0m³
30.8	烧碱罐	工作容积 1.0m³
30.9	结晶盐干燥包装系统	设计处理量：430kg/h（干盐）
31	硫酸钠蒸发结晶	
31.1	结晶器循环泵及电机	轴流泵 Q=3500m³/h，扬程 4m，功率 75kW
31.2	结晶器冷凝液罐	容积 2.0m³
31.3	工艺蒸汽冷凝液罐	容积 1.0m³
31.4	母液罐	容积 1.5m³
31.5	结晶盐干燥包装系统	设计处理量：1400kg/h（干盐）
31.6	杂盐干燥进料罐	工作容积 1m³，含搅拌机
31.7	滚筒干燥机	处理母液量 1.5t/h，包括尾气除尘洗涤塔和洗涤水循环泵
32	污泥脱水系统	
32.1	板框压滤机	200m²/套，泥饼含水率≤60%

注：Q 为处理水量，H 为扬程，N 为功率。

（2）NF 产水处理工艺

NF-Ⅰ产水去 NF 产水池，浓水去 NF-Ⅱ继续浓缩。NF-Ⅱ产水去 NF 产水池，NF-Ⅱ浓水 TDS 可达到 100000mg/L 以上。

NF 工艺是介于超滤和反渗透之间的一种分子级的新型膜分离技术，适用于分离分子量在 200 以上、分子大小为 1nm 左右的溶解组分，可去除水中的有机物、细菌、病毒及部分盐类。

NF 产水以一价盐为主，主要为 NaCl。NF 产水浓度较低，需进入反渗透装置Ⅰ进行进一步浓缩，产生约 70% 的净水进入 RO 产水池，约 30% 的浓水送入除硅高密池进行药剂除硅。除硅高密池自流入中间水池Ⅱ。中间水池Ⅱ设置提升泵，将废水送入多介质过滤器Ⅱ+超滤Ⅱ工艺处理，去除悬浮物，超滤Ⅱ出水至超滤水池Ⅱ。超滤水池Ⅱ设置提升泵，提升废水至 ROⅡ进行浓缩处理。ROⅡ产水至 RO 产水池，浓水去 EDM（electrodialysis metathesis）工艺进一步浓缩（见图 5-6）。

EDM 装置是指电渗析置换装置，是膜浓缩系统的核心工艺，可最大限度地提高水的产量和脱盐的盐回收率，可将废水 TDS 直接由 $(1\sim3)\times10^4$mg/L 浓缩至 20×10^4mg/L，废水减量化明显，大幅度降低了后续蒸发结晶的设备规模和蒸汽消耗量。系统在常温常压下工作，安装维护方便，运行可靠性高。EDM 将 TDS 浓缩到 20×10^4mg/L 后，废水直接进入氯化钠蒸发结晶系统。氯化钠蒸发结晶系统产生的 NaCl 产品盐外运销售，少量母液进入杂盐蒸发及干燥系统。氯化钠蒸发冷凝水产生量为 1.49m³/h，水质干净，回用于循环冷却系统。

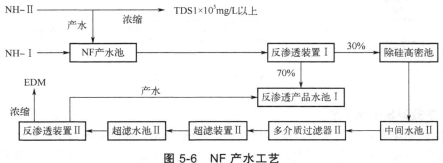

图 5-6　NF 产水工艺

机械过滤器采用多介质过滤器Ⅱ和超滤过滤器Ⅱ，多介质过滤器和超滤过滤器反冲洗平均用水量为 7.34m³/h（52848m³/a），由超滤水池Ⅱ供给；冲洗废水产生量为 7.34m³/h（52848m³/a），送除硅高密池再进行处理。

该单元产生的主要污染物为各泵类、机械设备等运行噪声，除硅高密池产生的污泥、多介质过滤器、超滤装置、NF 纳滤定期更换的废滤料，EDM 装置定期更换的废膜。

（3）NF 浓水处理工艺

NF 浓水以二价盐为主，主要为 Na_2SO_4。NF 浓水进入 AOP 工艺（特种树脂吸附+臭氧氧化）降低 COD，特种树脂吸附工艺产生的再生液进入杂盐蒸发干燥系统处理，最终水中还原性物质以杂盐形式存在于固相中。AOP 出水进入硫酸钠蒸发结晶系统处理，产生的 Na_2SO_4 产品盐外运销售。母液进行冷冻结晶，Na_2SO_4 以芒硝晶体的方式从溶液中结晶出来，少量母液进入杂盐蒸发及干燥系统。硫酸钠蒸发冷凝水产生量为 8.36m³/h，水质干净，回用于循环冷却系统（见图 5-7）。

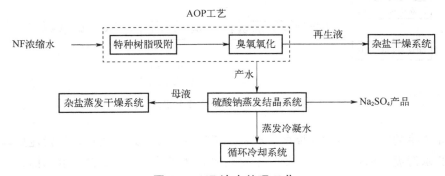

图 5-7　NF 浓水处理工艺

该单元产生的主要污染物为冷冻结晶设备运行噪声、除硅高密池产生的污泥、多介质过滤器和超滤器定期更换的废滤料。

（4）RO 产水精制处理工艺

系统 ROⅠ产水、ROⅡ产水在 RO 产水池混合后，由提升泵提升进入二级 RO 进一步处理，生产高品质超纯水，用于现有项目循环冷却补水（循环水系统规模为 80000m³/h，补水量为 1400m³/h）（见图 5-8）。该单元产生的主要污染物为提升泵运行噪声、RO 反渗透系统定期更换的废膜。

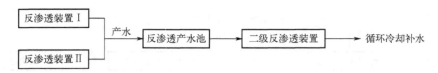

图 5-8　RO 产水精制工艺

（5）杂盐蒸发干燥系统

少量氯化钠蒸发系统母液、硫酸钠蒸发系统母液、AOP 特种吸附再生液进入杂盐蒸发干燥系统，最终形成少量杂盐。蒸发冷凝水为 $0.85m^3/h$，水质干净，回用于厂区循环冷却系统（见图 5- 9）。

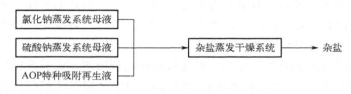

图 5-9　杂盐蒸发干燥系统工艺

该单元产生的主要污染物为蒸发结晶设备运行噪声、杂盐。

（6）污泥脱水系统

高密沉淀池以及除硅高密池产生的污泥主要为污水除硬及除硅产生的软化污泥，重力浓缩后，经板框压滤机进行脱水，产生的压滤废水量为 $18.47m^3/h$（$132984m^3/a$），压滤废水汇入调节池重新处理。产生的干污泥含水率小于 60%（见图 5- 10）。

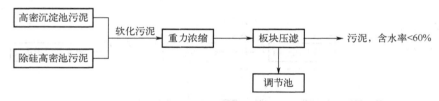

图 5-10　污泥脱水系统工艺

该单元产生的主要污染物为板框压滤机及污泥泵等设备运行噪声、经污泥处理系统脱水处理后的脱水污泥。通过以上废水处理系统集成处理装置，实现浓盐水全部回收利用，最终实现结晶盐资源化利用，结晶母液中产生的少量杂盐，干燥后作为危废处理。

5.3.3.2　原辅材料及动力消耗

本项目为废水处理项目，废水处理过程中用到的辅助材料包括盐酸、液碱、纯碱、次氯酸钠、杀菌剂、还原剂、阻垢剂、除硅剂以及各类絮凝剂等（见表 5-2）；此外还有电力、蒸汽、循环冷却水消耗以及各类滤芯、膜等耗材消耗（见表 5-3）。

表 5-2　典型原辅材料（药剂）

序号	项目	主要参数
1	杀菌剂	非氧化性杀菌剂，工业纯，活性物含量 14%～15%，液态

序号	项目	主要参数
2	还原剂	NaHSO$_3$，工业纯，以 SO$_2$ 计含量 64%~67%，固态
3	阻垢剂	液态
4	盐酸	工业纯，≥31%，液态
5	液碱	NaOH，工业纯，≥30%，液态
6	纯碱	Na$_2$CO$_3$，工业纯，≥98%，固态
7	除硅剂-镁剂	MgO，工业纯，≥90%，固态
8	NaAlO$_2$	工业纯，≥46%，液态
9	混凝剂（FeCl$_3$）	工业纯，≥93%，固态
10	絮凝剂（PAM）	工业纯，≥88%，固态
11	NaClO	工业纯，有效氯（以 Cl 计）≥10%，液态

表 5-3 典型原辅材料（滤芯、纳滤膜、树脂元件）消耗表

序号	项目	单位	年耗量	储存方式	更换周期
1	超滤 I 滤芯	支	2.2	袋装	3 年
2	超滤 I 滤膜	支	6.6	袋装	5 年
3	超滤 II 滤芯	支	1.7	袋装	10 年
4	超滤 II 滤膜	支	4.1	袋装	6 个月
5	NF I 滤芯	支	19.7	袋装	5 年
6	NF I 膜	支	46.0	袋装	6 个月
7	RO I 滤芯	支	16.4	袋装	3 年
8	RO I 膜	支	41.1	袋装	3 个月
9	二级 RO 滤芯	支	13.1	袋装	3 年
10	二级 RO 膜	支	19.7	袋装	3 个月
11	NF II 滤芯	支	6.6	袋装	3 年
12	NF II 膜	支	24.7	袋装	3 个月
13	RO II 滤芯	支	6.6	袋装	3 年
14	RO II 膜	支	14.8	袋装	3 个月
15	弱酸阳床树脂	m^3	1.7	袋装	3 年
16	特种吸附树脂	m^3	1.5	袋装	5 年

5.3.4　实习企业废水处理

实习企业污水处理主要包括污水生化处理、含盐废水膜处理、高效膜浓缩、浓盐水蒸发

结晶。

5.3.4.1　污水生化处理

（1）预处理

气化装置带压气化污水自界外管廊来，直接进综合污水调节罐。界区内管道上设有流量在线仪表，同时设有 pH、COD、NH$_3$-N 浓度在线检测仪表，并设有报警和开关信号及控制阀，当污水中的浓度超过设定值时，将污水切换至事故废水罐。

MTO 装置的污水自界外管廊来，进入平流隔油池去除较粗粒的油类，再依次进入涡凹气浮机、溶气气浮机。预先配制好的 PAC 溶液经计量泵加入涡凹气浮机、溶气气浮机前端。经气浮处理后的污水进入 MTO 污水缓冲池，再经泵提升至综合污水调节罐。

平流隔油池产生的浮油由集油管流至浮油罐，至设定液位后由泵送至移动油罐车送出界外。而隔油池产生的沉泥则流入沉泥池，由泵输送至污泥浓缩池。涡凹气浮机、溶气气浮机产生的沉泥流入污泥池，浮渣排入浮渣池，经泵送至污泥处理工序的污泥贮槽。

生活污水和其他重力排放的污水（如污泥浓缩水）均自地下管道来，在进水检查井汇合后进入格栅沉砂井，污水中的砂砾在井内沉积，沉积的砂砾定期通过泵提升到附近的砂斗外运。沉砂后污水经细格栅除污机除去大粒径漂浮物后进入重力流污水集水池。格栅槽前设有进水闸门。集水池中的污水经泵直接提升至 A/O 生化池进水配水渠。

其余上游各装置的污水，包括烯烃转化（OCU）装置带压污水、硫磺回收装置带压污水、空分装置带压污水、低密度聚乙烯（LDPE）装置带压污水、聚丙烯（PP）装置带压污水、净化装置带压污水、甲醇装置带压污水，均在进入界区前逐步汇至低浓度污水总管，再进入污水处理场界区送至综合污水调节罐。

（2）生化处理

污水调节罐的出水，经过调节阀将流量控制在设定值后进入 A/O 生化池进水配水渠，将进水均匀分配到 3 个系列 A/O 生化池中的混合选择池，与重力流污水、回流污泥进行混合，磷酸钠溶液输送至混合选择池中，然后流入缺氧池，在池中与好氧池（O 池）末端回流的硝化混合液进行混合，在池中发生反硝化脱氮反应。污水从缺氧池底进入好氧池，碳酸钠溶液定量加入好氧池中后段。末端的混合液大部分由泵输送至缺氧池，其他部分自流进入脱气池，通过机械框式搅拌机适当搅拌，将混合液中的空气释放出来。然后混合液进入二沉池，经泥水分离后，上清液自流进入中间水池，二沉池底的沉泥则进入集泥井，井中的污泥大部分送回混合选择池，多余的部分输送至污泥浓缩池。

中间水池的污水由泵提升至曝气生物滤池，污水经曝气生物滤池净化合格后自流进入监控池。当某一格滤池需要反冲洗时即启动冲洗程序，冲洗产生的废水排入冲洗废水池，再由泵输送回 A/O 生化池中的混合选择池。

监控池中设有在线 pH、COD、NH$_3$-N 监测仪表，当仪表显示 6＜pH＜9、COD≤60mg/L、NH$_3$-N≤5mg/L 时，监控池的水才能输送至含盐废水膜处理装置的含盐废水调节罐，否则将监控池产水切至事故水罐或废水中转池。当事故罐液位涨至 13m 时，生化尾水切至中转出排到废水缓冲池暂存，也可排放到园区下水管网送至园区污水处理厂进一步处理。在最不利情况下也可将污水输送到消防事故废水池，当消防应急事故水池液位涨至 2.2m 时，启动消防大泵将生化产水泵至废水缓冲池暂存，直至合格为止。

废水中转池收集含盐废水处理装置事故情况下的生化装置尾水、脱盐水站及循环水排污水，以及膜浓缩装置事故状态下的含盐废水处理装置 RO 浓水、蒸发装置事故状态下的膜浓缩装置 RO 浓水。收集后通过泵提升到废水缓冲池。

（3）污泥处理与干化

MTO 污水预处理单元的沉泥、生化处理剩余污泥进入污泥浓缩池，通过重力浓缩，提高池底污泥的浓度。池底的浓缩污泥流至污泥贮槽，MTO 污水预处理单元的气浮浮渣也直接进入污泥贮槽，在贮槽中混合均匀。然后由泵输送至污泥脱水机将污泥含水率降低至 80%～85% 后，经过螺旋输料机输送至污泥干燥厂房。污泥脱水机分离出的过滤水排放至厂区下水管网，返回至生化处理装置。

污泥脱水机来的含水率为 80%～85% 的污泥由泵输送进入湿泥饼进料仓后再进入污泥干化机中。在干化机中，污泥被蒸汽间接加热，水分不断蒸发，污泥含水率降到 28% 以下。使用循环水或回用水间接冷却后的生化污泥通过卸料器排出。冷凝液回到污水场重新处理。冷凝器气体出口排出的不凝气通过除雾器分离其中的液滴后，送往臭气处理系统进行处理。

5.3.4.2　含盐废水膜处理

生化处理装置尾水、循环水系统排污水、脱盐水站排污水送含盐废水调节罐，V 形滤池反冲洗废水上清液、UF 和 RO 装置的排水等均通过泵提升返回含盐废水调节罐，然后提升至高效沉淀池进水配水渠。

高效沉淀池是一体化构筑物，含盐废水在加药反应区与三氯化铁溶液、石灰乳、碳酸钠溶液混合搅拌下进行反应，去除暂时硬度和永久硬度后进入絮凝反应区，加入絮凝剂 PAM 溶液混合反应后进入高效澄清区。澄清产生的污泥沉于澄清池底，由泵输送至絮凝反应区前便于形成大的絮状矾花。多余污泥输送至污泥贮槽。自高效沉淀池出水槽自流过来的预处理水，先进入中和池与硫酸中和，同时加入适量的 $FeCl_3$ 溶液，然后进入 V 形滤池过滤区，过滤后的清水进入冲洗水池，再溢流至超滤吸水池。

超滤吸水池的清水输送至超滤膜组，在泵的出口管道上设有自清洗过滤器对水质把关。超滤产水进入中间水池，为保证系统正常运行，在设定的时间内需要对超滤膜组进行在线清洗，在线清洗的废水则排入冲洗废水池，再经泵输送至含盐废水调节罐。在一段时间后，超滤模组需要进行离线化学清洗，酸/碱化学清洗液排放至化学清洗排水池，经中和后输送至含盐废水调节罐。

中间水池的超滤产水提升后先进 RO 保安过滤器，再进入一级二段 RO 膜组，得到的 RO 产水进入 RO 产水缓冲池，通过泵提升到优质再生水回用水罐，回用于热电中心除盐水站补水、循环水场补水。浓水则进入 RO 浓水缓冲池，经泵提升到高效膜浓缩进料罐。

从高效沉淀池和冲洗废水池过来的稀污泥以及净水场的污泥送至污泥板框脱水机，经脱水后得到含水率为 60%～65% 的无机污泥泥饼，由污泥车送出界外，污泥脱水产生滤液送回含盐废水调节罐。

5.3.4.3　高效膜浓缩处理

高效膜浓缩装置的进水为含盐废水膜处理装置的反渗透浓液，设计进水规模为 375m³/h，使用"高效沉淀+石英砂过滤器+钠离子交换器+弱酸阳离子交换器+双膜法脱盐+产品水精处理"组合工艺，经过高效反渗透系统进行处理后的产品水作为优质再生水供循环水场用作补充水，产生的浓盐水进一步送蒸发结晶装置进行处理。

该装置主要由下列单元构成：石灰软化澄清池（高效沉淀池）、预处理系统（石英砂过滤器、钠离子交换器、弱酸阳离子交换器、脱碳塔、超滤系统（UF）、反渗透系统（HERO）和后续精处理系统（强酸阳离子交换器除氨单元）。工艺流程如下。

（1）高效澄清

含盐废水膜处理装置 RO 浓水经泵提升至高效膜浓缩进料水罐，反洗废水收集池中的反洗废水（包括石英砂过滤器反洗废水、弱酸阳离子交换器反洗废水、钠离子交换器反洗废水、超滤冲洗废水、钠离子交换器及弱酸阳离子交换器再生废水）也经泵送至高效膜浓缩进料水罐，随后提升至高效澄清池中的混凝反应池。

高效澄清池由混凝反应池、石灰反应池、纯碱反应池、絮凝反应池和高效沉淀池组成，集合了混合、化学反应、混凝、絮凝、固液分离等功能，采用污泥循环利用及斜管高效沉淀，实现泥水分离。污水经调节阀均匀进入混凝反应池，加入混凝剂，然后进入石灰反应池及纯碱反应池。为防止自反应，设置了独立的石灰反应池和纯碱反应池，分别加入石灰、纯碱，石灰先与水中的碳酸氢根离子反应，然后纯碱与水中的 Ca^{2+}、Mg^{2+} 反应生成沉淀；水中的沉淀物及胶体进一步与混凝剂反应，破坏胶体稳定性，并与水中已有的沉淀物进一步凝聚，从而达到净水的作用。污水从纯碱反应池经过地下水管流向絮凝反应池，并从池中心进入絮凝反应池搅拌器形成的导流筒旋涡中，使反应池内水流均匀混合。同时投加 PAM 溶液并回流部分沉淀污泥至絮凝反应池。矾花缓慢地从絮凝反应池进入到高效沉淀池，这样可避免损坏矾花或产生旋涡，确保大量的悬浮固体颗粒在该区均匀沉积。矾花在沉淀池下部汇集成污泥并浓缩，浓缩区分为两层，分别位于排泥斗上部和下部。上层为再循环污泥的浓缩，污泥在这层的停留时间为几小时，然后排入排泥斗内。污泥回流泵将污泥从料斗中抽出送至絮凝反应池，而剩余污泥则通过剩余污泥泵抽出并送往含盐膜处理装置的污泥处理系统。高效沉淀池出水经清水池暂存，经石英砂过滤器提升泵送至石英砂过滤器。

（2）预处理

预处理装置包括石英砂过滤器、钠离子交换器、弱酸阳离子交换器、脱碳塔。

石英砂过滤器产水作为石英砂过滤器的反洗水，进水作为反洗程序最后冲洗用水。反洗水收集到反洗废水收集池，并通过泵输送到高效膜浓缩进料水罐。

石英砂过滤器的产水直接进入到二级软化系统，第一级为钠离子交换器，第二级为弱酸阳离子交换器。钠离子交换器和弱酸阳离子交换器需要定期再生，处理后的水直接进入脱碳塔，去除水中的 CO_2 后储存于脱碳水池。再生废水和反洗水分别收集在再生废水池和反洗废水收集池，再生废水经泵输送至反洗废水收集池，与反洗废水混合后，再通过反洗废水循环泵输送到高效膜浓缩进料水罐。

（3）超滤

为防止进水中有异物进入超滤设备，对膜元件造成损坏，在超滤设备之前设置了自清洗过滤器。自清洗过滤器采用全自动控制方式，具有对原水进行过滤并自动对滤网进行清洗排污的功能，且清洗排污时系统不间断供水。软化出水进入前置自清洗过滤器后，再进入超滤单元。

超滤单元主要去除水中悬浮物、胶体、大分子有机物、病毒与细菌等物质，出水水质明显提高，作为反渗透的预处理，可延长反渗透装置的使用寿命和清洗周期。本单元使用外压正压式中空纤维超滤膜。

（4）高效反渗透

经过前段预处理好的水送到保安过滤器，以防止大颗粒的污染物进入高效反渗透膜里。本系统设计 3 套高效反渗透单元，每套反渗透装置一段安装 20 支 1000psi（1psi=6.895kPa）压力容器，二段安装 6 支 1200psi 压力容器，每套有 182 支 SW30XLE-440i 反渗透膜元件。

（5）后续精处理

为保证产品水水质，设置了精处理系统（强酸阳离子交换器除氨单元）。高效反渗透的产水进入强酸阳离子交换器除氨单元，去除高效反渗透产水中的 NH_4^+，并采用盐酸再生液用于强酸阳离子交换器的再生，然后再外送到产品水优质再生水回用水罐。

反洗水排放至反洗废水收集池，输送至高效膜浓缩进料水罐，反渗透浓水进入浓水中间池，再由泵送至浓水罐，作为蒸发结晶装置的进水。

5.3.4.4 浓盐水蒸发结晶处理

浓盐水蒸发结晶装置建设规模为 70m³/h，采用"均质调节+换热+除氧+蒸发+结晶+产品水精处理"的组合工艺，主要包括蒸发、结晶及蒸馏水精制三个单元。

进入蒸发结晶系统的物料为自高效膜浓缩单元来的反渗透浓水和再生废水。再生废水先进入再生废水罐，投加阻垢剂后再由泵送入蒸发器进水热交换器换热后进入蒸发器。反渗透浓水先进入浓水罐，经泵进入蒸发器给水罐进行搅拌混合，混合后的浓水经泵在蒸发器进水热交换器和高温的蒸馏水进行换热后进入脱气器除去氧气、二氧化碳和其他不凝气体。之后，在重力作用下进入蒸发器底部盐水槽，同时投加消泡剂。

蒸发器为立式降膜设计，盐水从底部盐水槽经泵循环至顶部，通过双层布水板分布到降膜管中。蒸发器布水板确保盐水在降膜管均匀分布。盐水在蒸汽压缩机、补充蒸汽的作用下在降膜管上蒸发，未蒸发的盐水返回底部盐水槽并循环至蒸发器顶部盐水布水系统。

除雾器用来除去蒸汽中的液滴以确保产生高纯度的蒸汽，压缩机用来提高蒸汽的压力，增压后蒸汽用于蒸发盐水。增压后的蒸汽通过蒸发器降膜管的壳程并在降膜管外壁冷凝，冷凝液收集到混合蒸馏水箱中。蒸发器浓缩后的盐浆进入结晶器，由于盐浆的温度接近沸点，所以无须加热。当盐水中多数可溶性盐达到溶解度极限时，需要使用强制循环换热才能提高可溶性盐的溶解度。在强制循环热交换器中，循环盐浆在换热管中被加热，温度升高，换热管中盐浆的沸点提高，从而不能在换热管中沸腾蒸发。加热后的盐浆通过管道进入结晶器，盐浆压力降低，盐水瞬间闪蒸，水分形成二次蒸汽并在管壳式冷凝器中冷凝，盐浆的浓度提高。结晶器产生的二次蒸汽中部分蒸汽排放出系统并通过冷却水冷却后进入混合蒸馏水箱。

部分盐浆连续不断地循环至水力分离器，用以增加盐浆浓度，水力分离器浓缩液重组分直接进入离心脱水机，轻组分（上清液）分别进入结晶器给料箱以及零液体排放（ZLD）地下废水池。离心脱水机压滤后的滤液返回至结晶器给料箱，形成的结晶盐送出界外。

高纯度蒸馏水通过进水-蒸馏水热交换器回收热量后经蒸馏水脱气塔在脱气风机的作用下脱氨后流入脱气水箱，经泵进入活性炭过滤器过滤，后经强酸阳离子交换器脱氨后加氢氧化钠调节 pH 作为优质再生水通过底排口进入优质再生水水罐。

经过蒸发结晶产生的蒸馏水进入混合蒸馏水箱，再经过后续精处理装置，投加碱提高蒸馏水的 pH，通过空气吹脱将水中的游离氨吹脱出来，同时也可以将水中大部分挥发性有机物从水中吹脱出来，然后将吹脱后的蒸馏水泵入活性炭过滤单元和离子交换树脂除氨单元。

蒸汽进入强制循环热交换器加热浓盐液后产生的冷凝液进入冷凝液水箱，冷凝液输送至凝结水管网。蒸发器、结晶器地沟废水流入 ZLD 地下废水池经泵传送至 ZLD 废水罐，再经泵送至界外浓盐水缓冲。

5.4 废气处理现场实习

某矿业公司 100 万吨 PVC 项目利用当地丰富价廉的煤、石灰石和岩盐资源，以及优越的区域位置和便利的交通运输条件，采用先进清洁的工艺技术，发展盐化工联产 PVC（电石法），并用电石渣制取高标号的水泥，使煤资源和石灰石资源得到最充分的利用，实现循环经济，利用 PVC 生产的电石渣作原料，采用"压滤法"工艺生产高标号的优质水泥来挤占甚至淘汰能耗高、污染大的小水泥工艺（如机立窑、小型中空窑）。

5.4.1 废气处理措施

5.4.1.1 电石装置

电石炉炉气中含 CO（65%～85%）、H_2、CH_4、H_2S、粉尘、氰化物等，低位热值约为 $10MJ/m^3$。拟采用湿法除尘后作为石灰窑和炭材干燥燃料，除尘效率大于 99.7%；石灰窑装置采用袋式除尘、炭材干燥窑尾气采用电除尘器除尘，除尘效率大于 99.5%。排气筒高度分别为 50m 和 43m，烟尘、SO_2、NO_2 排放浓度符合 GB 9078—1996《工业炉窑大气污染物排放标准》中的二级标准要求，其他含尘气体均采用袋式除尘器除尘，除尘效率均大于 99.5%，粉尘排放浓度和速率符合 GB 16297—1996《大气污染物综合排放标准》二级标准要求，排气筒高度在 30～43m。

5.4.1.2 烧碱装置

烧碱装置设置事故氯气处理和氯化氢尾气处理设施，氯气处理系统开停车及事故状况下排放的废氯气采用双塔串联二级液碱洗涤吸收，吸收效率达 99.9%；氯化氢生产开停车及事故状况下排放的氯化氢采用降膜吸收-洗涤塔-喷射泵三级洗涤吸收系统处理，洗涤吸收效率99.9%，尾气均经 30m 高排气筒排放，满足 GB 16297—1996《大气污染物综合排放标准》二级标准。烧碱装置氯气处理采用双塔串联二级液碱洗涤吸收及氯化氢尾气采用降膜吸收-洗涤塔-喷射泵三级洗涤吸收处理，可以实现废气达标排放。

5.4.1.3 PVC 装置

氯乙烯（VCM）单体尾气包括 VCM 压缩冷凝、精馏不凝气，含 VCM、C_2H_2、H_2 等，采用西南化工研究院近年来开发的 PSA 变压吸附技术回收 VCM、C_2H_2 和 H_2，VCM、C_2H_2 回收率达 99.9%，H_2 回收率达到 85%，净化尾气由 40m 高排气筒排至大气。PVC 聚合、浆料汽提和废水汽提冷凝器不凝气中的 VCM 采用比利时 SOLVAY 公司配套的 DOP 溶剂吸收技术回收，回收效率大于 99.9%，净化尾气由 30m 高排气筒排大气，VCM 和 NMCH 排放浓度和速率符合 GB 16297—1996《大气污染物综合排放标准》二级标准。与电石法 PVC 装置普遍采用的活性炭吸附和碳纤维吸附法相比，变压吸附（PAS）技术回收 VCM 和 C_2H_2 具有回收率高、能耗低、能保证达标排放等优点，在山西太原化工股份有限公司氯碱分公司、新疆天业（集团）有限公司等 10 余家企业已成功运行。

PVC 干燥、包装尾气中的 PVC 粉尘采用二级旋风除尘器处理和回收，收尘率为 99%，尾气分别经 30m、25m 高排气筒排放，满足 GB 16297—1996 二级标准。

5.4.1.4 自备热电站

自备热电站以煤为燃料，设计煤种是某煤矿的回采次煤，两种校核煤种也是某煤矿提供的煤（以回采煤为主）。采用铁路运输，运距约 180km。设计煤种和校核煤种年耗煤量分别为 $146.0×10^4t$、$147.1×10^4t$ 和 $110.9×10^4t$，收到基全硫量分别为 0.30%、0.28% 和 0.32%，收到基灰分分别为 41.63%、39.69% 和 27.89%，干燥基挥发分分别为 25.06%、41.59% 和 21%，低位热值分别为 16682kJ/kg、17159kJ/kg 和 21922kJ/kg。除灰渣系统采用灰渣分除、干除灰系统，干灰渣采取灰渣仓贮存，大部分灰渣作为厂内水泥生产原料（约 58%），少部分立足综合利用，在灰渣综合利用不畅时，灰渣由汽车运至灰渣场贮存。自备热电站采用冷却塔二次循环冷却方式。

热电站锅炉燃用特低硫次煤，采用炉内脱硫，钙硫比为 2.3，脱硫效率大于 75%，不设烟气脱硫设施，采用袋式除尘器，除尘效率为 99.9%；采用低氮燃烧技术，预留脱除氮氧化物装置空间，每两台炉合用一座 150m 烟囱，安装烟气在线监测系统。排放污染物浓度可满足 GB 13223—2011《火电厂大气污染物排放标准》表 1 规定的标准限值。

燃料煤采用堆棚，在煤场设喷水装置，定期喷水使煤堆表面含水率保持在 10% 左右；碎煤机室、煤仓间、各转运站均设有除尘设备。采用带式输送机向煤仓间供煤，输送机头尾部设喷雾抑尘装置；采取灰渣分储，煤灰通过气力输送系统输送至贮灰仓，炉渣送渣仓，58% 的灰渣作为水泥生产原料，其余部分送干灰渣加湿搅拌后由密封罐车送至灰渣场贮存；设置灰场管理站，并配备喷水和碾压设施。

5.4.1.5 电石渣水泥生产装置

水泥装置的窑尾废气采用电除尘器处理，每条熟料回转窑设置一台，除尘效率大于 99.99%，排气筒高度为 80m，窑头、煤磨、水泥粉磨废气及其他含尘废气均采用袋式除尘器除尘，除尘效率在 99.9%～99.99%，经过除尘后的窑头、窑尾、煤磨、水泥粉磨废气粉尘浓度小于 $30mg/m^3$，其他含尘废气粉尘浓度均小于 $50mg/m^3$，窑尾废气中的 SO_2、NO_2 浓度分别为 $40mg/m^3$ 和 $700mg/m^3$，符合 GB4915—2013《水泥工业大气污染物排放标准》的要求。

5.4.1.6 臭气处理

产生和逸散恶臭物质的设备、构筑物主要集中在企业处理废水的生化处理装置，臭气收集的范围包括平流隔油池、浮油池、浮渣池、沉泥池、MTO 污水缓冲池、涡凹气浮、溶气气浮、格栅槽、污水检查井、生活污水集水池、混合池、缺氧池、脱气池、污泥浓缩池、厂区污水收集池、污泥脱水间、消防应急事故水池、雨水监控池、废碱液缓冲罐、污泥干燥装置、板框式污泥脱水间、废碱液进料缓冲池、综合污水调节罐、污水事故罐等。臭气处理设计规模为 $60000m^3/h$，采用"碱洗+生物过滤+活性炭吸附"工艺，经系统处理后的气体经引风机送至排气筒排放。

5.4.2　主要单元及装置

5.4.2.1　湿法除尘器

湿法除尘是使废气与液体（一般为水）密切接触，将污染物从废气中分离出来。该法既能净化废气中的固体颗粒污染物，也能脱除气态污染物，同时还能起到气体的降温作用，湿法除尘器结构如图 5-11 所示。

湿法除尘器的结构简单，造价低廉，净化效率高，适用于净化非纤维性和不与水发生化学作用的各种粉尘，尤其适宜净化高温、易燃、易爆的气体；其缺点是管道设备必须防腐、污水污泥要进行处理、烟气抬升高度减小、冬季烟囱会产生冷凝水等。

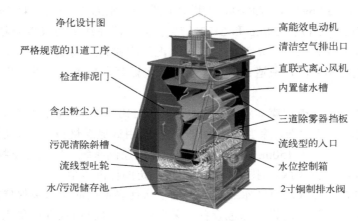

净化设计图
严格规范的11道工序
检查排泥门
含尘粉尘入口
污泥清除斜槽
流线型吐轮
水/污泥储存池

高能效电动机
清洁空气排出口
直联式离心风机
内置储水槽
三道除雾器挡板
流线型的入口
水位控制箱
2寸铜制排水阀

图 5-11　湿法除尘器结构

5.4.2.2　袋式除尘器

袋式除尘器是一种干式滤尘装置，其结构如图 5-12 所示。滤料使用一段时间后，由于筛滤、碰撞、滞留、扩散、静电等效应，会在滤袋表面积聚一层粉尘，这层粉尘称为初层，在此后的运动过程中，初层成为滤料的主要过滤层，依靠初层的作用，网孔较大的滤料也能获得较高的过滤效率。随着粉尘在滤料表面的积聚，除尘器的效率和阻力都相应地增加，当滤料两侧的压力差很大时，会把有些已附着在滤料上的细小尘粒挤压过去，使除尘器效率下降。另外，除尘器的阻力过高会使除尘系统的风量显著下降。因此，除尘器的阻力达到一定数值后，要及时清灰。清灰时不能破坏初层，以免效率下降。

袋式除尘器的除尘效率高、使用灵活、结构简单、运行稳定、粉尘易处理。

5.4.2.3　电除尘器

电除尘器是一种烟气净化设备，其结构如图 5-13 所示，其工作原理是：烟气中灰尘尘粒通过高压静电场时，与电极间的正负离子和电子发生碰撞而荷电（或在离子扩散运动中荷电），带上电子和离子的尘粒在电场力的作用下向异性电极运动并积附在异性电极上，通过振打等方式使电极上的灰尘落入收集灰斗中，使通过电除尘装置的烟气得到净化，达到保护大气、保护环境的目的。

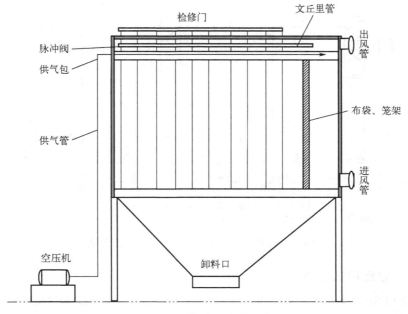

图 5-12　袋式除尘器结构

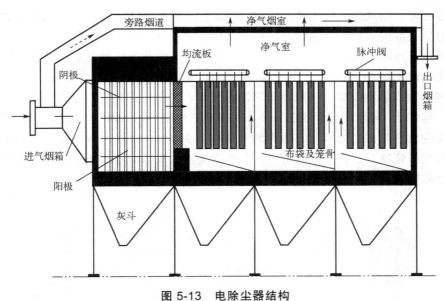

图 5-13　电除尘器结构

电除尘器具有效率高、处理烟气量大、寿命长、环保、能耗及维护费用低等优点。

5.4.2.4　双塔串联二级液碱洗涤吸收

双塔处理吸收废氯气工艺主要是两塔串联使用，主塔吸收，副塔保护，主副塔可切换，可以避免吸收系统各种跑气情况，其典型工艺流程如图 5-14。

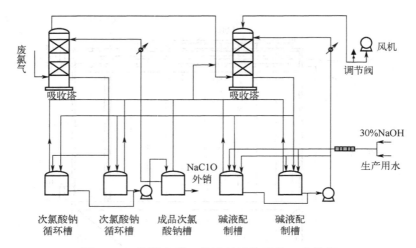

图 5-14　双塔串联二级液碱洗涤吸收工艺流程

5.4.2.5　变压吸附技术

变压吸附（PSA）技术是一种新型的气体吸附分离技术。这种技术利用吸附剂（通常是多孔固体物质）对气体分子的物理吸附特性——在相同压力下对不同组分的吸附能力不同、在不同压力下对同一组分的吸附能力不同，进行气体分离。

在 PSA 过程中，原料气在较高的压力下通过吸附剂床层，其中杂质组分如 N_2、CO_2、CO 等被选择性吸附，而氢组分因为最不易被吸附而通过吸附剂床层，从而达到氢气和杂质分离的目的。然后，减压解吸被吸附的杂质组分，使吸附剂获得再生，以便进行下一次吸附分离操作。这种在较高压力下吸附杂质提纯氢气，再减压解吸杂质使吸附剂再生的循环便是 PSA 过程，工艺流程见图 5-15。

PSA 技术以产品纯度高、节能经济、设备简单、操作维护简便、连续循环操作、可完全达到自动化等优点，被广泛应用于工业中，特别是在化工领域，如回收精对二苯甲酸（PTA）加氢还原反应放空气体中的氢气，能将氢气提纯至 99.5%。此外，PSA 技术还被用于电解食盐水氢气提纯等领域。但在实际应用中仍需根据具体的气体组成、杂质含量、操作条件等因素进行优化和调整，以获得最佳的气体分离效果和经济效益。

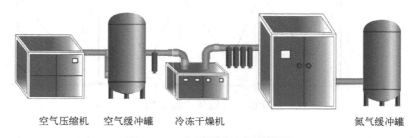

空气压缩机　空气缓冲罐　冷冻干燥机　　　　　氮气缓冲罐

图 5-15　变压吸附流程及装置

5.5　固体废物处理（一般固体废物填埋）实习

　　煤化工产生的固体废物主要包括气化渣、炉渣、废催化剂、废黄油、废催化剂，以及污水处理过程中产生的油泥浮渣和活性污泥、结晶盐泥等（见表 5-4）。危险废物委托具有相应资质的危险废物经营企业处置。气化渣、炉渣等一般工业固体废弃物可以综合利用或进入一般固废填埋场填埋，气化渣等产生量大，目前仍以填埋为主，本章节将重点以炉渣填埋为例介绍一般工业固体废物填埋工艺设计及相关要求。

表 5-4　煤化工常见固体废物

固废名称	典型组分	固废类别	治理措施及去向
气化粗渣	碳 4.8%，灰分 45.2%，水 50%（均为质量分数）	一般固废	综合利用或填埋
气化细渣（滤饼）	碳 20%～50%，灰分 15%～20%，水 60%（均为质量分数）	一般固废	综合利用或填埋
灰水预处理滤饼	碳及灰分 20%，水 80%	一般固废	综合利用或填埋
变换炉废催化剂	氧化钼（MoO_3）、氧化钴（CoO）	危险废物	回收再生或填埋
制硫废催化剂	三氧化二铝（Al_2O_3）	危险废物	回收再生或填埋
甲醇合成反应器废催化剂	氧化锌（ZnO）、氧化铜（CuO）、氧化镁（MgO）、三氧化二铝（Al_2O_3）	危险废物	回收再生或填埋
MTO 废催化剂	铝（Al）、硅（Si）	危险废物	回收再生或填埋
干燥剂	氧化硅	一般固废	填埋
废活性炭	碳	危险废物	回收再生或填埋
生化处理装置脱水机污泥	含水率为 80% 的污泥	一般固废	填埋
含盐废水膜回收处理污泥	含水率为 80% 的污泥	一般固废	填埋
废离子交换树脂	—	危险废物	填埋
结晶盐	固态盐	一般固废	综合利用或填埋
锅炉灰/锅炉渣	氧化硅（SiO_2）、三氧化二铝（Al_2O_3）、氧化钙（CaO）	一般固废	综合利用或填埋
废黄油	醛、酮等	危险废物	回收利用

5.5.1　工艺流程

　　炉渣处置及生态恢复工艺流程简单，主要包括基础处理、排渣及覆土三个阶段。

5.5.1.1　基础处理（施工期）

　　基础处理包括场底和边坡清理、整平、压实、防渗系统铺设、修建渗滤液收集导排系统、截洪沟工程和拦渣坝、拦洪坝等。具体做法为：在下游修建拦渣坝，在填埋场东侧起点位置修建拦洪坝，与两面山谷合围形成库区，在拦洪坝上游设 1 个泄洪井，在填埋场场底敷设 1 根泄水暗管，严格控制地表水的进入。

5.5.1.2　排渣（运行期）

排渣作业包括卸料、推铺、压实、降尘等。运输车辆将炉渣运输进入处置场地内填充区，在管理人员的指挥下，在确定的作业面上填充，推土机将填充物料推平后，由压实一体机进行压实处理，然后由洒水车进行洒水降尘。如此反复，直至最终覆土。

在运行过程中，在每一单元作业完成后应进行覆盖，每一作业区域完成阶段性高度后，暂时不在其上继续进行填充作业时，应进行中间覆盖。避免雨水大量渗入，从而减少渗滤液的产生。中间覆盖材料采用高密度聚乙烯（HDPE）1.0mm 双光面膜。

作业区自拦渣坝内侧开始，采用自下而上的分层堆置法，每隔 5.0m 的高度设 1 个 2m 宽的马道，坡面采用 1：3 坡度，依次堆填至设计高程。

场区设截洪沟，填沟作业单元控制在 400m^2，做到每日覆盖，不留废渣裸露面。在雨季时停止作业，采用 HDPE1.0mm 双光面膜临时覆盖，做好雨水的导排，禁止雨水直接冲刷废渣堆体。

工艺流程如图 5-16 所示。

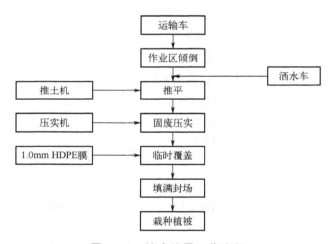

图 5-16　炉渣处置工艺流程

在整个作业过程中必须随时进行场区道路的清扫及场区的洒水等工作，使作业正常运行。为实现雨污分流，在每个大的区域进行小的作业单元划分，作业单元按照实际地形进行。经验证明，一般雨天不影响固废的正常碾压。雨后径流形成的冲蚀面需及时碾压堆筑固废，表面上的积水需及时疏导，以免影响固废堆筑施工。

在冬季结冰季节，固废运输及填充过程宜快，以防止固废在碾压前冻结而影响碾压质量；卸车后应及时清理车厢的残留固废。固废摊铺过程中，若面层颗粒出现结冰现象，应增加碾压次数，保证压实质量。冬季应集中在较小的工作面，连续铺压是减轻冻害的有效措施。

5.5.1.3　覆土绿化（封场期）

待场地填满后，为防止天然降水渗入处置场后产生的渗出液污染地表水以及侵蚀场地表面，填埋的堆场顶部应覆盖阻隔层、雨水导排层、覆盖土层。覆盖土层铺设施工前采集的熟土壤 0.5m。覆土所需熟土取自本项目场地内。

工程主要建设内容包括场地土方整治工程、坝体工程（拦渣坝和拦洪坝）、防渗系统、渗滤液导排收集系统、排水系统（截洪沟、马道排水沟）、封场工程、道路及绿化等工程。

5.5.2 场地清理修整工程

根据地形条件，需对规划库区范围内进行土石方清理。土石方整治工程是防渗工程的基础，在开工前要首先确定施工方法和施工顺序。

场地土方整治工程主要包括场地清理、场地开挖和场地土方回填三个部分。

场地除第一层素填土外，其余土层均满足承载力要求，为防止不均匀沉降，需将第一层素填土全部清除，后用粒径为 10～20mm 级配卵石回填至场底设计标高。场地平整后基底无积水坑，构建面平整坚实、无裂缝、无松土，坡面过渡平缓，垂直深度 25cm 内无石块。基面不允许有局部凹凸现象，清理好的基面要用夯锤或夯板夯紧，使之紧密平整。场区表层土用作封场工程耕作土层。

清除草木可作为秸秆燃料等。清理出的石块等运至石料厂生产石子等建材产品。

根据地形情况和防渗要求，采取自上而下分段跳槽和及时支护的施工方法，对可能发生破坏的边坡进行相应的处理。严禁倒悬施工。处置场库区局部边坡较陡岩石破碎处进行高压喷浆处理，将破碎岩体清除后挂钢丝网喷浆进行防护，喷浆厚度不小于 80mm，再铺防渗膜。其他边坡较陡岩石较稳定处，可以分段向上填黏土，以 1∶1.5 放坡，再铺防渗膜。

5.5.3 坝体工程

5.5.3.1 拦渣坝

在整治场地下游设置均质碾压土坝 1 座，拦渣坝高度为 8.0m；墙顶宽为 4.0m，底长为 34.93m；墙背坡比为 1∶2。坝顶采用 C30 混凝土（22cm）。坝体内侧防渗结构与边坡防渗结构相同。坝外侧采用浆砌石护坡。拦渣坝设计参照了水利水电行业的 SL 274—2020《碾压式土石坝设计规范》进行设计，但拦渣坝运行条件优于水坝，因为拦渣坝正常情况下拦蓄的是固态废物，当场地内防渗土工膜和渗沥液导排系统铺设完成后，拦渣坝坝体内基本上不存在水坝的渗流问题，按水坝确定的坝坡比应是安全稳定的。

5.5.3.2 拦洪坝

在沟头设置拦洪坝 1 座，坝高 15m，坝顶宽 4m，坝底宽 57.7m，坝长 40.8m。坝体为均质碾压土坝结构。坝体内侧防渗结构与边坡防渗结构相同。坝外侧采用浆砌石护坡。

5.5.4 防渗系统

根据 GB 18599—2020《一般工业固体废物贮存和填埋污染控制标准》要求，本工程采用单人工复合衬层防渗，库区具体防渗结构（图 5-17）如下：

① 渗滤液导排层：宜采用卵石，厚度不应小于 30cm，卵石下可增设土工复合排水网；

② 人工防渗衬层：采用 HDPE 土工膜时厚度不应小于 1.5mm，本项目选用 2mm 厚 HDPE

土工膜；

③ 黏土衬层：渗透系数不应大于 1.0×10^{-7} cm/s，厚度不宜小于 75cm；

④ 保护层：可采用非织造土工布、保护黏土层及粉末状尾矿；

⑤ 基础层：具有承载填埋堆体负荷的天然岩土层或经过地基处理的稳定岩土层。

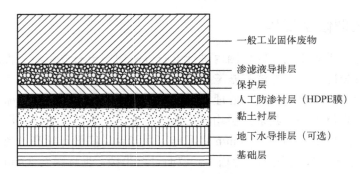

图 5-17　单人工复合衬层防渗结构

边坡防渗结构（图 5-18）如下：

① 膜上保护层：100mm 厚细砂层+600g/m² 长丝无纺土工布；

② 人工防渗衬层：2mm 厚 HDPE 土工膜；

③ 黏土衬层：与单人工复合衬层的黏土衬层相同；

④ 保护层：4800g/m² 膨润土垫（GCL）保护层；

⑤ 基础层：与单人工复合衬层的基础层相同。

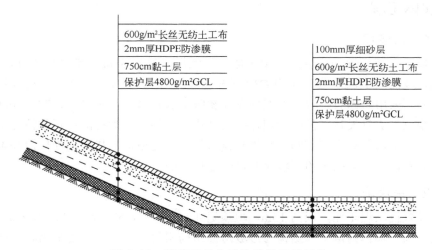

图 5-18　渗滤液收集池和边坡防渗结构

5.5.4.1　HDPE 膜安装要求

沟壁削坡后铺膜，并在边界处封口处理。库区防渗需在排水系统完成后进行，防渗膜应与拦渣坝和拦洪坝的防渗膜粘接紧密，遇竖井、排水管处应打褶后再粘接在混凝土表面，打褶长度不小于 0.3m。防渗膜采用双焊缝搭接，横向焊缝间错位尺寸为 100mm，接缝应避开棱角，设在平面处。焊缝采用充气法检验。

5.5.4.2　无纺土工布的安装

在铺设土工布时，必须注意不要让石头、大量尘土、杂质或水分等有可能破坏土工布或有可能给接下来的连接工序带来困难的物质进入土工布或土工布下面。用于铺设土工布的设备不能在已铺好的土工合成材料上面进行工作。土工布边缘必须用沙袋或者其他重物压上，避免土工布被风吹起。必须避免在大风的情况下展开土工布，以防止被风吹起。

热粘接是首选的无纺土工布的连接方法，即用热风筒对两片布的连接缝瞬时高温加热，使其部分达到融熔状态，并立即使用一定的外力使其牢牢地黏合在一起。土工布之间的搭接之宽度要求不得小于 0.2m。

5.5.4.3　锚固平台

防渗膜的有效锚固是实现其功能的保证，是防渗系统功能有效必不可少的工程措施。防渗膜的锚固通过在边坡中部和坡顶设置的锚固平台上开挖锚固沟的工程措施得以实现。边坡根据高程设置 3 个锚固平台，每个平台高差不大于 10m。边坡及终场锚固平台结构见图 5-19。

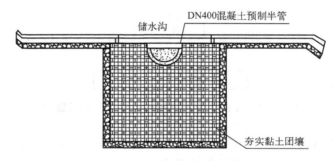

图 5-19　边坡锚固平台大样图

5.5.5　渗滤液收集导排系统

为了及时排出场内产生的渗滤液，以降低对地下水的污染风险，在场内设置渗滤液收集导排系统。

渗滤液收集导排系统主要由导流层、主导渗盲沟、支导渗盲沟组成。

导流层铺设于场底防护层之上，场底采用 100mm 厚粗砂层+300mm 厚 25～50m 碎石导流层+300g/m² 无纺土工布。

主盲沟位于场区底部，主要负责将渗滤液从场区内排往渗滤液调节池。沟内敷设直径为 300mm 的 HDPE 穿孔花管，由导流层形成盲沟断面，并用 300g/m² 织质土工布包裹。主盲沟底宽 1m，充填 200mm 厚粗砂层（图 5-20）。

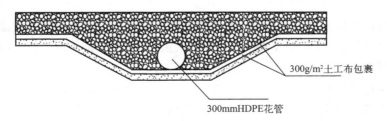

图 5-20　渗滤液导排盲沟断面图（1∶20）

支盲沟位于库区底部，沿场底两侧坡向主盲沟，同侧支盲沟之间的距离一般为20m。沟内敷设直径为250mm的HDPE穿孔花管，其坡向主盲沟的坡度不小于2%。并用300g/m²织质土工布包裹。支盲沟底宽1m。渗滤液导排花管总长295m。

5.5.5.1　渗滤液调节池容积计算

由于场地产生渗滤液的水质和水量主要受大气降水的影响，故须设置有足够容积的调节池，以均衡水质和水量，便于处理。调节池的容积主要根据降雨变化和渗滤液回喷量来确定（图5-21）。

渗滤液来源于直接降水、地表径流、地下水、固体废物中的水分、覆盖材料中的水分，其中降水是最主要的。影响渗滤液产生量的因素有场地构造、蒸发量、固体废物的性质、地下层的结构、表面覆土及渗滤液的持水量等。

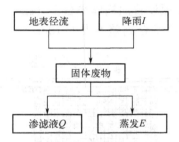

图5-21　工业废渣填埋场地渗滤液产生示意图

根据拟建工程库区的构造，本工程库区上游地表径流由截水沟和排水沟引出场外，不进入库区内。填至设计高程并封场的固废堆体表面有土、土工布覆盖和绿色植物，并有大于5%的坡度排出雨水。故本工程固体废物渗滤液主要是落在当日填沟作业区尚未覆盖的雨水和已覆盖固体废物区上渗入的少量雨水。

根据国内外固体废物填埋场的运营经验，固体废物填埋场渗滤液产量的确定方法有多种，根据项目设计方案，采用式（5-1）计算：

$$Q = \frac{1}{1000} CIA \tag{5-1}$$

式中，Q 为渗滤液产量，m^2；I 为降雨量，mm；C 为浸出系数；A 为填埋库区面积，m^2。

渣场中填埋施工区域和填埋作业完成后封场区域的地表状况不同，浸出系数 C 也有较大的差异。设填埋区的面积为 A_1，浸出系数为 C_1，中间覆盖区的面积为 A_2，浸出系数为 C_2，封场区的面积为 A_3，浸出系数为 C_3，则：

$$Q = Q_1 + Q_2 + Q_3 = \frac{1}{1000} I(C_1 A_1 + C_2 A_2 + C_3 A_3) \tag{5-2}$$

工程作业采用分区实施方案，可以减少雨水进入填埋作业区而产生的渗滤液量，假定填埋库区面积为 A，则填埋区面积 A_1 取 0.2A，中间覆盖区面积 A_2 取 0.3A，封场区面积 A_3 取 0.4A。另外，对应的浸出系数 C_1 取 0.5，C_2 取 0.3，C_3 取 0.1。

调节池容量设计根据多年逐月平均降雨量计算出每个月的渗滤液产生量。根据渗滤液回灌量计算出最大累计余量，该最大累计余量即为调节池最低调节容量。

渗滤液采用回灌处理，每天回灌渗滤液量为35m³，通过计算结果，得出渗滤液累计余量为 2142.62m³，考虑一定的安全系数，最后确定渗滤液调节池的容积为 2200m³。

调节池依据地形走向，建于拦渣坝下游低洼处。渗滤液调节池池深 4.0m（有效水深 3.7m），有效容积为 2200m³。为避免雨水，设置顶棚，并在上面覆盖安全滤网，既不影响蒸发又可避免安全隐患，周围绿化加强平时管理避免非项目相关人员靠近，设警示标识。表 5-5 为调节池容量计算表。

表 5-5　调节池容量计算表

| 月份 | 降雨量/mm | 封场区 | | | 中间覆盖区 | | | 填埋区 | | | 入渗总量/m³ | 回灌规模 m³ |
		汇水面积/m²	入渗率	入渗量/m³	汇水面积/m²	入渗率	入渗量/m³	汇水面积/m²	入渗率	入渗量/m³		
1	6.1	17808	0.1	10.86	17808	0.3	32.59	8904	0.5	27.16	70.61	620
2	9.3	17808	0.1	16.56	17808	0.3	49.68	8904	0.5	41.40	107.64	560
3	21.5	17808	0.1	38.29	17808	0.3	114.86	8904	0.5	95.72	248.87	620
4	27.2	17808	0.1	48.44	17808	0.3	145.31	8904	0.5	121.09	314.84	600
5	43.8	17808	0.1	78.00	17808	0.3	234.00	8904	0.5	195.00	507.00	620
6	78.6	17808	0.1	139.97	17808	0.3	419.91	8904	0.5	349.93	909.81	600
7	139.1	17808	0.1	247.71	17808	0.3	743.13	8904	0.5	619.27	1610.11	620
8	117.5	17808	0.1	209.24	17808	0.3	627.73	8904	0.5	523.11	1360.08	620
9	60.7	17808	0.1	108.09	17808	0.3	324.28	8904	0.5	270.24	702.61	600
10	37.1	17808	0.1	66.07	17808	0.3	198.20	8904	0.5	165.17	429.44	620
11	19.3	17808	0.1	34.37	17808	0.3	103.11	8904	0.5	85.92	223.40	600
12	6.9	17808	0.1	12.29	17808	0.3	36.86	8904	0.5	30.72	79.87	620

5.5.5.2　渗滤液水质及回用

本项目未收集到类似锅炉炉渣和造气炉渣填埋场渗滤液水质资料。根据本项目锅炉炉渣和造气炉渣淋溶试验结果预测渗滤液主要成分为 SS、NH_3-N、硒、硫化物和有机物等。浸溶试验结果显示，与 GB/T 14848—2017《地下水质量标准》中Ⅲ类标准对比，各项目均未超标，故本项目渗滤液不进行处理，直接回喷渣场，不外排。

渗滤液全部回用不外排的可行性：根据表 5-5 渗滤液调节池容量计算，到 12 月份累计渗滤液余量为 1035.33m³，但次年 1～5 月渣场回喷用水量远大于渗滤液产生量，故累计余量完全可用于渣场回喷，不外排。

5.5.6　地表水导排系统

在构建项目场地时会有大量的土方工程，基本上完全破坏了构建区域的原有地面，在降雨季节，大量的降水冲刷边坡及沟底，极易造成水土流失及破坏构建，因此，必须建设完整的地表水排系统，将场区范围内的雨水排出场外。

地表水导排系统主要包括泄洪井和暗管、截洪沟、马道排水沟等设施。

5.5.7　排渣与封场工程

5.5.7.1　排渣工程

炉渣填充过程中由最低处开始堆放，即从拦渣坝一侧开始向拦洪坝堆。运输车辆填充作业时需在现场人员的指挥下在指定位置有组织倾倒，倾倒后物料用推土机推平压实，振动压路机平行于坝轴线方向碾压，采用进退错距法碾压。进场炉渣分区进行填充，沿沟底向上，填充作业面积控制在 400m² 内，逐渐推进，按照作业工序依次填充第二层、第三层……填充至设计指定高度时，进行顶部覆土及分区林地复垦，成为林地。每个作业单元完成后，在堆体上用碎石铺设临时石渣道路和临时作业平台，以便向前、向左或向右开展新一单元的填充作业。具体堆放措施如下：

① 用汽车把炉渣倒运至沟谷底部，用推土机推平，每堆放 0.3m 厚的炉渣进行一次压实，碾压 4～6 遍，加强固废之间的紧密性。压实密度不小于 1.10t/m³。

② 炉渣每填充至 2.0m 厚时，须覆盖 0.5m 厚的层间黄土并压实。

③ 待炉渣堆积标高达到拦渣坝顶标高时，开始收坡堆积，收坡坡度为 1∶2，坡面采用人字形截水骨架综合护坡。炉渣平台每抬升高 5m，设一条马道，马道宽 2m，设置内侧排水沟，防止坡面汇水冲刷坡面。

④ 当炉渣平台堆积标高到设计标高时，平整覆土，进行终场覆盖。最终顶部形成一个平台。

炉渣采用从下至上分层填充、分层封闭的填充方法，每填至相应设计高程时进行后退放坡，设置边坡及马道台阶，以此类推，填充至顶部高程并与场地两侧连接整合，每个平台坡度为 2%～5%，最终与两侧连接成片。

5.5.7.2　封场工程

场地封场边坡坡度按 1∶3 考虑，顶面坡度为 5%。封场覆盖系统从堆体表面开始，由下至上分别为：

① 阻隔层：为了避免填沟废渣直接暴露和雨水渗入堆体内，本工程达到设计高度后，在堆体平台和边坡覆盖 0.3m 压实黏土作为阻隔层。

② 覆盖层：压实黏土上方铺设厚度 0.5m 厚的壤土作为覆盖层，在其上栽植侧柏。覆土所需天然土壤、黏土取自本项目场地。

5.5.8　生态恢复

5.5.8.1　生态恢复目标

本项目生态恢复后主要指标和标准见表 5-6。

表 5-6　质量控制标准

项目	复垦方向	指标类型	基本指标	控制标准
大块平台	有林地	土壤质量	有效土层厚度/cm	≥30
			土壤容重/（g/cm³）	<1.5
			土壤质地	砂土至砂质黏土

项目	复垦方向	指标类型	基本指标	控制标准
大块平台	有林地	土壤质量	砾石含量/%	≤25
			pH 值	6.0～8.5
			有机质/%	≥0.5
		配套设施	道路	达到当地各行业工程建设标准要求
		生产力水平	定植密度/（株/hm²）	满足 LY/T 1607—2024《造林作业设计规程》要求
			郁闭度	≥0.30
马道平台、边坡	其他草地	土壤质量	有效土层厚度/cm	≥30
			土壤容重/（g/cm³）	≤1.45
			土壤质地	砂土至壤黏土
			砾石含量/%	≤15
			pH 值	6.5～8.5
			有机质/%	≥0.3
		配套设施	道路	达到当地本行业工程建设标准要求
			灌溉	
		生产力水平	覆盖度/%	≥30
			产量/（kg/hm²）	五年后达到周边地区同等土地利用类型水平

5.5.8.2　生态恢复及林木抚育

封场结束后，对堆渣坡面、马道均采用种草方式进行防护。草种均选用紫花苜蓿，种植方式为条播，行距为 0.5m，种植密度为 30kg/hm²（考虑 2%的损耗），要求草籽粒饱满，发芽率在 90%以上，无病虫害。炉渣顶部平台进行平整后，植树采用客土坑栽方式。栽植苗林为侧柏，5 年生，株行距为 2m×2m，种植密度为 2500 株/hm²。采用植苗造林、穴状整地方法，穴的直径为 0.4m，深 0.4m。

 实习讨论与考核

（1）请用自己的语言简要概括煤化工行业。

（2）简述煤的焦化、气化、液化的概念。从温度、操作以及原料方面说明三者有什么区别。

（3）简述 EDM 装置作用及其优势。

（4）AOP 工艺是什么？

（5）袋式除尘器与电除尘器、旋风除尘器相比，有什么优缺点？

（6）PSA 技术作为一种新型气体吸附技术有什么优点？

第6章

化工园区污水处理厂实习

6.1 企业及园区简介

近年来,我国城镇(园区)污水处理事业蓬勃发展,为改善水生态环境发挥了重要作用。城镇(园区)污水处理厂既是水污染物减排的重要工程设施,也是水污染物排放的重点单位。

某水处理公司是一家专业从事"三废"治理的公司。该公司所管理的某工业园区污水处理厂的设计处理规模为 $5.0 \times 10^4 \ \mathrm{m^3/d}$,占地面积占地 24 万平方米,厂区布置见图 6-1,主要

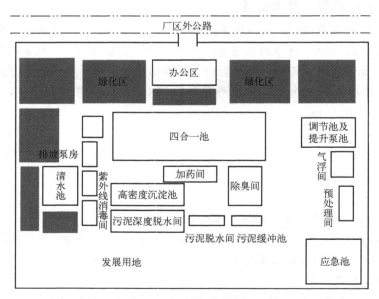

图 6-1 某化工园区污水处理厂平面图

收集石化工业园区生活污水管网来水。该厂于 2009 年下半年建成，于 2020—2021 年进行改造提标，于 2021 年 9 月 1 日进入全面试运行阶段。目前，夏季高峰期处理水量为 3.46×10^4 m³/d，冬季平均日处理量为 2.48×10^4 m³/d，全年平均日处理量为 2.9×10^4 m³/d。

改造后排放标准达到 GB 18918—2002《城镇污水处理厂污染物排放标准》标准分级的一级 A 标准，可用作工业和生活的杂用水，也可向周边区域提供环境和绿化用水，极大地提高了水资源利用水平，有效地缓解了该化工园区污水增量的问题。同时改造后污泥含水率降至 60%，满足进入卫生填埋场要求，减少了待处理污泥量，实现了污泥的减量化和稳定化处理。此外，降低了厂区恶臭污染物对周边大气环境的影响，改善了周边地区的大气环境质量，对周围环境质量的提升具有极大的促进作用。

6.2　常用污水处理方法以及主要处理工艺

6.2.1　工业园区废水来源特点

园区污水处理厂的废水来源包含生活污水和初期雨水两类，不同类型废水的特征如下：

① 生活污水：色深、恶臭，呈微碱性，一般不含有毒有害物质，有机物含量约为 60%（主要为纤维、油脂、肥皂、蛋白质及其分解物等），含大量的细菌（包括寄生虫卵等）。

② 初期雨水：悬浮固体、有机物、植物营养物、重金属等含量变化大，水量随降水变化幅度大。

6.2.2　化工园区污水常用处理工艺

据不完全统计，截至 2020 年 12 月，全国范围内已建成运营的污水处理厂 4000 余座，主要的污水处理工艺有：活性污泥法、厌氧-好氧（A/O）工艺、厌氧-缺氧-好氧活性污泥法（AAO 或 A²/O）、序批式活性污泥法（SBR）、氧化沟工艺、曝气生物滤池法以及生物膜法。

6.2.2.1　活性污泥法

（1）简介

活性污泥法工艺由 Edward Ardern 和 William T.Lockett 于 1914 年首先在英国发明，是一种应用广泛的废水好氧生化处理技术，主要由曝气池、二次沉淀池（二沉池）、曝气系统、污泥回流系统和剩余污泥排出系统等组成。活性污泥法工艺典型流程见图 6-2。

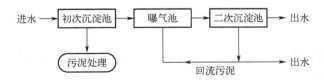

图 6-2　活性污泥法工艺流程

污水和回流的活性污泥一起进入曝气池形成混合液。从空气压缩机站送来的压缩空气，通过铺设在曝气池底部的空气扩散装置，以细小气泡的形式进入污水中，目的是增加污水中的溶解氧含量，同时使混合液处于剧烈搅动的状态，呈悬浮状态。溶解氧、活性污泥与污水互相混合、充分接触，使活性污泥反应得以正常进行。此反应分为两个阶段：第一阶段，污水中的有机污染物被活性污泥颗粒吸附在菌胶团的表面上，同时一些大分子有机物在细菌胞外酶作用下分解为小分子有机物；第二阶段，微生物在氧气充足的条件下吸收这些有机物，一部分氧化分解，形成二氧化碳和水；一部分供给自身的增殖繁衍。随着活性污泥反应的进行，污水中有机污染物被降解而去除，活性污泥本身得以繁衍增殖，污水则得以净化处理。

经过活性污泥净化作用后的混合液进入二次沉淀池，混合液中悬浮的活性污泥和其他固体物质在这里沉淀下来与水分离，澄清后的污水作为出水排出系统。经过沉淀浓缩的污泥从沉淀池底部排出，其中大部分作为接种污泥回流至曝气池，以保证曝气池内的悬浮固体浓度和微生物浓度；增殖的微生物从系统中排出，称为"剩余污泥"。事实上，污染物很大程度上从污水中转移到了这些剩余污泥中。

（2）工艺优点

工艺相对成熟、积累运行经验多、运行稳定；有机物去除效率高，BOD_5 的去除率通常为 90%～95%；适用于处理进水水质比较稳定且处理程度要求高的大型城市污水处理厂。

（3）工艺缺点

需氧与供氧矛盾大，池首端供氧不足，池末端供氧大于需氧，造成浪费；曝气池耐冲击负荷能力较低；传统活性污泥法曝气池停留时间较长，曝气池容积大、占地面积大、基建费用高，电耗大；脱氮除磷效率低，通常只有 10%～30%。

6.2.2.2 A/O 工艺

（1）简介

A/O 工艺产生于 20 世纪 70 年代，具有降解有机物及脱氮作用，且运行管理方便，故得到了广泛的应用。污水处理工艺是根据污水的水量、水质、出水要求和当地的实际情况等多方面的因素确定的，所以中小型的城市生活污水处理站一般选用 A/O 工艺。A/O 工艺主要由厌氧池、好氧池、二沉池、混合液回流系统、污泥回流系统和剩余污泥排出系统等组成。A/O工艺典型流程见图 6-3。

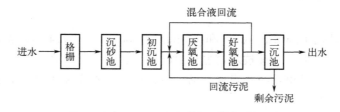

图 6-3 A/O 工艺流程

污水由排水系统收集后，进入污水处理站的格栅，去除颗粒杂物后，进入沉砂池，然后进入调节池，进行均质均量，调节池中设置预曝气系统，再经液位控制仪传递信号，由提升泵送至初沉池。废水自流至厌氧池（A 级生物接触氧化池）进行厌氧生化反应，发生酸化水解和反硝化，降低有机物浓度，去除部分硝态氮，然后流入好氧池（O 级生物接触氧化池）

进行好氧生化反应，在此绝大部分有机污染物通过生物氧化、吸附得以降解，出水自流至二沉池进行固液分离，沉淀池上清液流入消毒池，投加氯片接触溶解，杀灭水中有害菌种后达标外排。由格栅截留下的杂物定期装入小车倾倒至垃圾场。二沉池中的污泥部分回流至厌氧池，另一部分污泥至污泥池进行污泥消化后定期抽吸外运，污泥池上清液回流至调节池再处理。

（2）工艺优点

① 效率高。该工艺对废水中的有机物、氨氮等均有较好的去除效果。当总停留时间大于54h 时，经生物脱氮后的出水再经过混凝沉淀，可将 COD 值降至 100mg/L 以下，其他指标也达到排放标准，总氮去除率在 70%以上。

② 流程简单，投资省，操作费用低。该工艺以废水中的有机物作为反硝化的碳源，故不需要再另加甲醇等昂贵的碳源。

（3）工艺缺点

由于没有独立的污泥回流系统，所以不能培养出具有独特功能的污泥，难降解物质的降解率较低。

若要提高脱氮效率，必须加大内循环比，则运行费用也增加。另外，内循环液来自曝气池，含有一定的溶解氧（DO），使厌氧段难以保持理想的缺氧状态，影响反硝化效果，脱氮率很难达到 90%。

6.2.2.3 A^2/O 工艺

（1）简介

A^2/O 工艺是典型的脱氮除磷工艺，具有悠久的历史，在国内运行经验丰富，应用范围广泛。A^2/O 与 A/O 相比增加了缺氧池，由厌氧池、缺氧池、好氧池、沉淀池、内循环系统、污泥回流系统和剩余污泥排出系统等组成。该工艺流程见图 6-4。

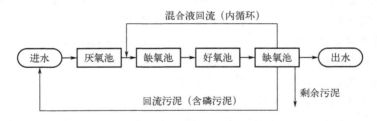

图 6-4 A^2/O 工艺流程

进水和回流污泥首先进入厌氧池，聚磷菌利用原污水中溶解的有机物进行厌氧释磷，然后污泥与好氧末端回流混合液一同进入缺氧池，反硝化细菌通过剩余的有机物以及回流的硝酸盐进行反硝化脱氮，脱氮反应结束后，污泥进入好氧池。在好氧池中硝化菌开始硝化反应，把废水中的氨氮氧化成硝酸盐，同时聚磷菌在此进行好氧吸磷，剩余的有机物也被氧化。最后经沉淀池泥水分离，出水排放，沉淀的污泥部分回到厌氧池，部分则以富磷剩余污泥形式排出。

这种工艺的 BOD$_5$ 和 SS 去除率为 90%～95%，总氮去除率为 70%以上，磷去除率为 90%左右，一般适用于要求脱氮除磷的大中型城市污水厂。但 A^2/O 工艺的基建费和运行费均高于普通活性污泥法，运行管理要求高，所以对目前我国国情来说，当处理后的污水排入封闭性水体或缓流水体引起富营养化，从而影响给水水源时，才采用该工艺。

（2）工艺优点

① 污染物去除效率高，运行稳定，有较好的耐冲击负荷。

② 污泥沉降性能好。

③ 厌氧、缺氧、好氧三种不同的环境条件和不同种类微生物菌群的有机配合，具有同时去除有机物、脱氮除磷的功能。

④ 在同时脱氮除磷去除有机物的工艺中，该工艺流程最为简单，总的水力停留时间也少于同类其他工艺。

⑤ 在厌氧-缺氧-好氧交替运行下，丝状菌不会大量繁殖，污泥指数（SVI）一般小于100，不会发生污泥膨胀。

⑥ 污泥中磷含量高，一般为 2.5% 以上。

（3）工艺缺点

① 反应池容积比 A/O 脱氮工艺还要大。

② 污泥回流量大，能耗较高。

③ 脱氮效果受混合液回流比大小的影响，除磷效果则受回流污泥中夹带 DO 和硝酸态氧的影响，因而脱氮除磷效率不高。

④ 用于中小型污水厂时费用偏高。

⑤ 沼气回收利用经济效益差。

⑥ 污泥渗出液需化学除磷。

6.2.2.4 SBR 工艺

（1）简介

SBR 工艺处理过程主要由初期的去除与吸附作用、微生物的代谢作用、絮凝体的形成与絮凝沉淀几个净化过程完成。该工艺采用的是集有机物降解与混合液沉淀于一体的反应器-间歇曝气池。与连续流式活性污泥法系统相比，不需要污泥回流及设备和动力消耗，不设二次沉淀池。SBR 技术的核心是 SBR 反应池，该池集均化、初沉、生物降解、二沉等功能于一池，无污泥回流系统。尤其适用于间歇排放和流量变化较大的场合。

典型 SBR 工艺过程包括五个阶段，依次为：进水阶段——加入基质；反应阶段——基质降解；沉淀阶段——泥水分离；排水阶段——排出上清液；闲置阶段——等待下一次进水。典型 SBR 工艺流程如图 6-5 所示。

（2）工艺优点

① 理想的推流过程使生化反应推动力增大，效率提高，池内厌氧、好氧处于交替状态，净化效果好。

② 运行效果稳定，污水在理想的静止状态下沉淀，时间短、效率高，出水水质好。

③ 耐冲击负荷，池内有滞留的处理水，对污水有稀释、缓冲作用，可有效抵抗水量和有机污物的冲击。

④ 工艺过程中的各工序可根据水质、水量进行调整，运行灵活。

⑤ 处理设备少，构造简单，便于操作和维护管理。

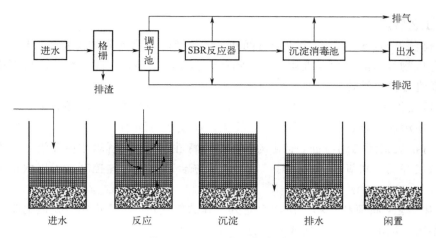

图 6-5　SBR 法工艺流程

⑥ 反应池内存在 DO、BOD_5 浓度梯度，可有效控制活性污泥膨胀。

⑦ 工艺流程简单、造价低。主体设备只有一个序批式间歇反应器，无二沉池、污泥回流系统，调节池、初沉池也可省略，布置紧凑、占地面积小。

（3）工艺缺点

① 间歇周期运行，对自控要求高。

② 变水位运行，电耗增大。

③ 脱氮除磷效率不太高。

④ 污泥稳定性不如厌氧硝化好。

6.2.2.5　氧化沟工艺

（1）简介

氧化沟（cintinuous loop reator，CLR）采用连续循环式反应池作为生物反应池，因其构筑物结构呈封闭的沟渠形而得名，也被称为"无终端的曝气系统"。氧化沟污水处理技术是一种延时曝气方法，一般由沟槽体、曝气装置、进出水装置、导流和混合装置组成。典型氧化沟工艺流程如图 6-6 所示。氧化沟工艺作为一种成熟的活性污泥污水处理工艺已在全国范围内得到广泛应用，它是活性污泥法的一种变型，其曝气池在水力流态上不同于传统的活性污泥法，而是一种首尾相连的循环流曝气沟渠，污水与活性污泥混合液在闭合的曝气渠道中进行连续循环，达到净化的目的。

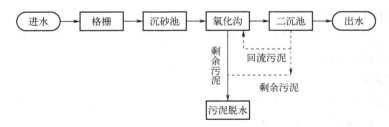

图 6-6　氧化沟工艺流程

（2）工艺特点

① 简化预处理。氧化沟水力停留时间和污泥停留时间比一般生物处理法长，可同时彻底去除悬浮有机物可与溶解性有机物，排出的剩余污泥高度稳定，因此氧化沟可不设初沉池，污泥不需要进行厌氧消化。

② 占地面积小。因为在流程中省略了初沉池、污泥消化池，有时还省略了二沉池和污泥回流装置，使污水厂总占地面积不仅没有增大，相反还可缩小。

③ 具有推流式流态的特征。氧化沟具有推流特性，使得溶解氧浓度在沿池长方向形成浓度梯度，形成好氧、缺氧和厌氧条件。通过对系统合理的设计与控制，可以取得较好的脱氮除磷效果。

④ 简化工艺。将氧化沟和二沉池合建为一体式氧化沟，以及近年来发展的交替工作的氧化沟，可不用二沉池，从而使处理流程更为简化。

6.2.2.6 曝气生物滤池法

（1）简介

曝气生物滤池（biological aerated filter，BAF）技术是 20 世纪 90 年代初兴起的污水处理新工艺，相当于在曝气池中添加供微生物栖附的填（滤）料，在填料下鼓气，是具有活性污泥特点的生物膜法。典型曝气生物滤池工艺流程如图 6-7 所示。该工艺具有去除 SS 和有机物、硝化、脱氮、除磷及去除有害物质的作用，集生物氧化和截留悬浮固体于一体，节省了后续沉淀池（二沉池）。曝气生物滤池的应用范围较为广泛，在水深度处理、微污染源水处理、难降解有机物处理、低温污水的硝化、低温微污染水处理中都有很好的甚至不可替代的功能。

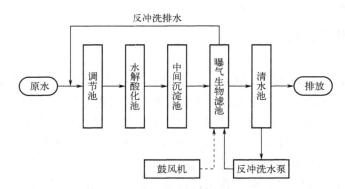

图 6-7 曝气生物滤池工艺流程

（2）工艺优点

占地面积小，处理出水质量好，工艺流程短，氧处理单位污水的电耗低，过滤速度高，处理负荷大大高于常规处理工艺。

（3）工艺缺点

运行维护较复杂，尤其是填料的反洗与更换，从而导致运行费用也较高。

6.2.2.7 膜生物反应器工艺

（1）简介

膜生物反应器（membrane biological reactor，MBR）工艺是将膜分离技术与生物技术有机结合的新型水处理技术，典型 MBR 工艺流程如图 6-8 所示，主要由膜组件和生物反应器两部分构成。大量的微生物（活性污泥）在生物反应器内与基质充分接触，通过氧化分解作用进行新陈代谢以维持自身生长、繁殖，同时使有机污染物充分降解。在膜两侧压力差（称操作压力）的作用下，膜组件通过机械筛分、截留和过滤等过程对废水和污泥混合液进行固液分离，大分子物质被浓缩后返回生物反应器内，可以省掉二沉池。膜生物反应器工艺通过膜的分离技术大大强化了生物反应器的功能，使活性污泥浓度大大提高，其水力停留时间（HRT）和污泥停留时间（SRT）可以分别控制。

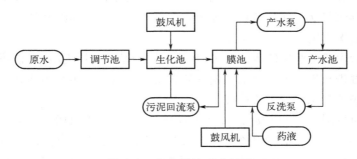

图 6-8　生物膜法工艺流程

（2）工艺优点

① 污染物去除效率高，出水水质稳定，出水基本没有悬浮物。

② 基本实现了污泥停留时间和水力停留时间的分离，设计与运行操作更灵活。

③ 膜的机械截留作用避免了微生物的流失，可以保持高的污泥浓度，有效地提高了有机物的容积负荷，降低了污泥负荷，减少了占地面积。

④ SRT 可以很长，允许世代周期长的微生物充分生长，有利于某些难降解有机物的生物降解，也有利于培养硝化细菌，提高硝化能力。

⑤ 剩余污泥量少，可减少污泥处置费用。

⑥ 结构紧凑，易于一体化控制。

（3）工艺缺点

① 与活性污泥法相比，对环境温度的要求较高，气温过高或过低都会影响生物膜的活性，引起生物膜的坏死和脱落。

② 运行周期不长，存在膜堵塞和膜污染的问题。

③ 运行能耗较高，膜的制造成本高。

6.2.3　工业废水处理新技术

近年来，工业废水处理工艺不断革新，在改善我国水环境方面发挥了重要作用。总体而言，膜技术、铁碳微电解处理技术、芬顿及类芬顿氧化法、臭氧氧化、磁分离技术、等离子体水处理技术、电化学（催化）氧化、辐射技术、光化学催化氧化、超临界水氧化（SCWO）技术颇受青睐。

6.2.3.1　膜技术

常用的膜分离法有微滤、纳滤、超滤和反渗透等技术。膜技术在处理过程中不引入其他杂质，可以实现大分子和小分子物质的分离，因此常用于各种大分子原料的回收，如利用超滤技术回收印染废水中的聚乙烯醇浆料等。目前限制膜技术工程应用推广的主要难点是膜的造价高、寿命短、易受污染和结垢堵塞等。伴随着膜生产技术的发展，膜技术将在废水处理领域得到越来越多的应用。

6.2.3.2 铁碳微电解处理技术

铁碳微电解处理技术是利用 Fe/C 原电池反应原理对废水进行处理的良好工艺，又称内电解法、铁屑过滤法等。铁炭微电解法是电化学的氧化还原、电化学电对絮体的电富集作用以及电化学反应产物的凝聚、新生絮体的吸附和床层过滤等作用的综合效应，其中主要是氧化还原和电附集及凝聚作用。

铁屑浸没在含大量电解质的废水中时，形成无数个微小的原电池，在铁屑中加入焦炭后，铁屑与焦炭粒接触进一步形成原电池，使铁屑在受到微原电池腐蚀的基础上，又受到原电池的腐蚀，从而加快了电化学反应的进行。

此法具有适用范围广、处理效果好、使用寿命长、成本低廉及操作维护方便等诸多优点，使用废铁屑为原料，也不需消耗电力资源，具有"以废治废"的意义。目前铁炭微电解技术已经广泛应用于印染、农药/制药、重金属、石油化工及油分等废水以及垃圾渗滤液处理，取得了良好的效果。

6.2.3.3 芬顿及类芬顿氧化法

典型的芬顿法（Fenton reaction）是由 Fe^{2+} 催化 H_2O_2 分解产生 $\cdot OH$，从而引发有机物的氧化降解反应。芬顿法处理废水所需时间长，使用的试剂量多，而且过量的 Fe^{2+} 将增大处理后废水中的 COD 并产生二次污染。

近年来，人们将紫外光、可见光等引入芬顿体系，并研究采用其他过渡金属替代 Fe^{2+}，这些方法可显著增强芬顿试剂对有机物的氧化降解能力，减少芬顿试剂的用量，降低处理成本，统称为类芬顿反应。

芬顿法反应条件温和，设备较为简单，适用范围广；既可作为单独处理技术应用，也可与其他方法联用，如与混凝沉淀法、活性炭法、生物处理法等联用，作为难降解有机废水的预处理或深度处理方法。

6.2.3.4 臭氧氧化

臭氧是一种强氧化剂，与还原态污染物反应时速度快，使用方便，不产生二次污染，可用于污水的消毒、除色、除臭、去除有机物和降低 COD 等。单独使用臭氧氧化法造价高、处理成本昂贵，且其氧化反应具有选择性，对某些卤代烃及农药等氧化效果比较差。为此，近年来发展了旨在提高臭氧氧化效率的相关组合技术，其中 UV/O_3、H_2O_2/O_3、$UV/H_2O_2/O_3$ 等组合方式不仅可提高氧化速率和效率，而且能够氧化臭氧单独作用时难以氧化降解的有机物。由于臭氧在水中的溶解度较低，且臭氧产生效率低、耗能大，因此增大臭氧在水中的溶解度、提高臭氧的利用率、研制高效低能耗的臭氧发生装置成为研究的主要方向。

6.2.3.5 磁分离技术

磁分离技术是近年来发展的一种利用废水中杂质颗粒的磁性进行分离的新型水处理技术。对于水中非磁性或弱磁性的颗粒，利用磁性接种技术可使它们具有磁性。目前研究的磁性化技术主要包括磁性团聚技术、铁盐共沉技术、铁粉法、铁氧体法等。

磁分离技术应用于废水处理有三种方法：直接磁分离法、间接磁分离法和微生物-磁分离法。具有代表性的磁分离设备是圆盘磁分离器和高梯度磁过滤器。目前磁分离技术还处于实验室研究阶段，还未应用于工程实践。

6.2.3.6　等离子体水处理技术

等离子体水处理技术包括高压脉冲放电等离子体水处理技术和辉光放电等离子体水处理技术，是利用放电直接在水溶液中产生等离子体，或者将气体放电等离子体中的活性粒子引入水中，可使水中的污染物彻底氧化、分解。

水溶液中的直接脉冲放电可以在常温常压下操作，整个放电过程中无须加入催化剂就可以在水溶液中产生原位的化学氧化性物种从而氧化降解有机物，该项技术对低浓度有机物的处理经济且有效。此外，应用脉冲放电等离子体水处理技术的反应器形式可以灵活调整，操作过程简单，相应的维护费用也较低。受放电设备的限制，该工艺降解有机物的能量利用率较低，等离子体技术在水处理中的应用还处在研发阶段。

6.2.3.7　电化学（催化）氧化

电化学（催化）氧化技术通过阳极反应直接降解有机物，或通过阳极反应产生羟基自由基（·OH）、臭氧等氧化剂降解有机物。

电化学（催化）氧化包括二维和三维电极体系。由于三维电极体系的微电场电解作用，目前备受推崇。三维电极是在传统的二维电解槽的电极间装填粒状或其他碎屑状工作电极材料，并使装填的材料表面带电，成为第三极，且在工作电极材料表面能发生电化学反应。

与二维平板电极相比，三维电极具有很大的比表面，能够增加电解槽的面体比，能以较低电流密度提供较大的电流强度，粒子间距小而物质传质速度高，时空转换效率高，因此电流效率高、处理效果好。三维电极可用于处理生活污水，农药、染料、制药、含酚废水等难降解有机废水，含金属离子废水，垃圾渗滤液等。

6.2.3.8　辐射技术

20 世纪 70 年代起，随着大型钴源和电子加速器技术的发展，辐射技术应用中的辐射源问题逐步得到改善。利用辐射技术处理废水中污染物的研究引起了各国的关注和重视。

与传统的化学氧化相比，利用辐射技术处理污染物，无需加入或只需加入少量化学试剂，不会产生二次污染，具有降解效率高、反应速度快、污染物降解彻底等优点。而且，当电离辐射与氧气、臭氧等催化氧化手段联合使用时，会产生"协同效应"。因此，辐射技术处理污染物是一种清洁的、可持续利用的技术，被国际原子能机构列为 21 世纪和平利用原子能的主要研究方向。

6.2.3.9　光化学催化氧化

光化学催化氧化技术是在光化学氧化的基础上发展起来的，与光化学法相比，有更强的氧化能力，可使有机污染物更彻底地降解。光化学催化氧化是在有催化剂的条件下的光化学降解，氧化剂在光的辐射下产生氧化能力较强的自由基。

催化剂有 TiO_2、ZnO、WO_3、CdS、ZnS、SnO_2 和 Fe_3O_4 等，分为均相和非均相两种类型。均相光催化降解是以 Fe^{2+} 或 Fe^{3+} 及 H_2O_2 为介质，通过光助芬顿反应产生羟基自由基使污染物得到降解；非均相催化降解是在污染体系中投入一定量的光敏半导体材料，如 TiO_2、ZnO 等，同时结合光辐射，使光敏半导体在光的照射下激发产生电子-空穴对，吸附在半导体上的溶解氧、水分子等与电子-空穴对作用，产生 $\cdot OH$ 等氧化能力极强的自由基。TiO_2 光催化氧化技术在氧化降解水中有机污染物（特别是难降解有机污染物）时有明显的优势。

6.2.3.10　超临界水氧化技术

超临界水氧化（SCWO）技术是以超临界水为介质，均相氧化分解有机物。可以在短时间内将有机污染物分解为 CO_2、H_2O 等无机小分子，而硫、磷和氮原子分别转化成硫酸盐、磷酸盐、硝酸根和亚硝酸根离子或氮气。

SCWO 技术反应速率快、停留时间短；氧化效率高，大部分有机物去除率可达 99% 以上；反应器结构简单，设备体积小；处理范围广，不仅可以用于各种有毒物质、废水、废物的处理，还可以用于分解有机化合物；不需要外界供热，处理成本低；选择性好，通过调节温度与压力，可以改变水的密度、黏度、扩散系数等物化特性，从而改变其对有机物的溶解性能，达到选择性地控制反应产物的目的。

超临界水氧化法在美国、德国、瑞典、日本等国家已经有了工艺应用，我国的研究起步较晚，还处于实验室研究阶段。

6.3　某化工园区污水排放标准

该化工园区污水处理厂进水水质需满足 GB/T 31962—2015《污水排入城镇下水道水质标准》中的 A 级标准；出水水质达到 GB 18918—2002《城镇污水处理厂污染物排放标准》中的一级 A 标准，具体数值见表 6-1。

表 6-1　GB 18918—2002 中基本控制项目最高允许排放浓度（日均值）　　　　单位：mg/L

序号	基本控制项目		一级标准		二级标准	三级标准
			A 标准	B 标准		
1	化学需氧量（COD）		50	60	100	120
2	生物需氧量（BOD_5）		10	20	30	60
3	悬浮物（SS）		10	20	30	50
4	动植物油		1	3	5	20
5	石油类		1	3	5	15
6	阴离子表面活性剂		0.5	1	2	5
7	总氮（以 N 计）		15	20	—	—
8	氨氮（以 N 计）		5（8）	8（15）	25（30）[①]	—
9	总磷（以 P 计）	2005 年 12 月 31 日前建设的	1	1.5	3	5
		2006 年 1 月 1 日起建设的	0.5	1	3	5

序号	基本控制项目	一级标准		二级标准	三级标准
		A 标准	B 标准		
10	色度（稀释倍数）	30	30	40	50
11	pH	6～9			
12	粪大肠菌群数/（个/L）	10^3	10^4	10^4	—

① 括号外数值为水温>12℃时的控制指标，括号内数值为水温≤12℃时的控制指标。

6.4 某化工园区污水处理工艺与处理单元

该化工园区污水处理厂采用曝气生物滤池+高密度沉淀池作为二级处理的核心工艺进行污水处理，具体工艺流程见图6-9。外来污水进入厂区先在预处理间经格栅、旋流沉砂池、砂水分离器等去除较大颗粒物，然后进入调节池及提升泵池，之后进入四合一反应池。四合一反应池出水经过提升泵送入高密度沉淀池，进行除磷、二次沉淀，出水消毒后排放或者回用。

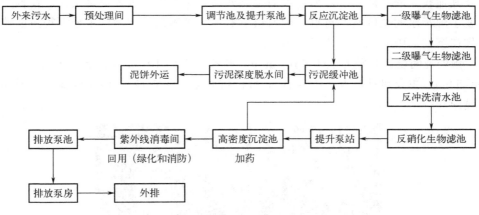

图 6-9 某工业园区污水处理厂处理工艺流程

具体可将工艺流程主要分为 9 个处理单元和中控室，其功能及作用如下。

6.4.1 应急池

应急池是事故废水收集和应急储存设施的统称，又称事故缓冲池或应急事故池，是为了在发生事故时，能有效地接纳装置排水、消防水等污染水，避免事故污染水进入外环境造成污染的污水收集设施。

该污水处理厂的应急池平面尺寸为 60m×60m，高 5.5m，有效容积为 $1.8×10^4m^3$，如图6-10所示。

图 6-10　应急池

6.4.2　预处理间

污水预处理是污水处理厂的"咽喉"。此操作单元是对进入处理厂的污水进行初步处理，利用格栅、筛网等过滤装置，拦截并移除污水中树枝、塑料袋等较大固体杂质，预防此类物质进入后续处理单元而引发堵塞现象。还配置调节池与均质池等设施，对污水的水质及流量进行必要的调整与均衡，确保后续处理工序得以持续稳定地进行。粗格栅、细格栅、旋流沉砂池、砂水分离器等设备共同构成了一套完整的预处理系统，旨在去除污水中的固体颗粒、油脂以及其他较大的悬浮物质，为后续的生物处理或化学处理过程提供条件。在预处理间，学生主要了解污水的来源及其特点，学习粗格栅和细格栅在过滤污水中悬浮物方面的作用以及悬浮物在沉淀池中的沉淀与分离过程。

该厂预处理间设计规模为 10.0×10^4 m^3/d，设备按 5.0×10^4 m^3/d 安装。平面尺寸为 42m×18m，高 5.9m。主要包括格栅（图 6-11）、旋流沉砂池（图 6-12）、砂水分离器（图 6-13）等预处理设施。

图 6-11　预处理间及格栅

图 6-12　旋流沉砂池

　　而对于某些工业废水在进入集中或分散污水处理厂前除需要进行上述一般的预处理外，还需进行水质水量的调节处理和其他一些特殊的预处理，例如中和、捞毛、预沉、预曝气等。若预处理工艺不达标，会造成栅渣过多，对后续的处理设备损耗大。

图 6-13　砂水分离器

6.4.3　调节池及调节提升泵池

　　调节池的主要作用是平衡进出水的流量，确保后续处理过程的连续性和稳定性。调节池可以根据用途的不同，设置在不同的位置。如果是为了调整进水浓度或水量，通常放在提升泵前，这样可以对进入的污水进行初步调节。在某些情况下，由于厂区空间限制，调节池也可以建在提升泵的后端，通过二级提升的方式对进水进行进一步的调节或简单处理。提升泵池则是用来将水从一个高度提升到另一个高度，以克服重力流无法解决的高差问题。学生们应学会通过污水处理厂的规模、污水特性等因素，挑选适宜的提升泵。不同种类的提升泵具有不同的性能参数，例如流量、扬程、功率等，这些参数需根据实际需求进行选择。选用高效节能的提升泵可降低能耗，进而减少运行成本。此外，定期对提升泵进行维护和保养，也可延长设备寿命，提高运行效率。

　　园区企业在不同工段、不同时间所排放的污水差别很大，尤其是操作不正常或设备产生泄漏时，污水的水质就会急剧恶化，水量也大大增加，往往会超出污水处理设备的正常处理能力。为了保证后续单元的稳定处理，需要设置调节池或调节提升泵池，以调节水质和水量。该污水处理厂调节池的有效容积为 14400m³，平面尺寸为 60m×60m，深 4.5m，见图 6-14。

图 6-14　调节池（调节提升泵池）

6.4.4　四合一池

四合一池是该污水处理厂的核心，包括反应沉淀池、一级曝气生物滤池、二级曝气生物滤池和反硝化生物滤池（图 6-15）。通过综合运用四合一池的功能，可有效降解污水中的有机物，进而提升水质的净化程度。该一体化设计的优势在于能够显著减小所需占地面积、简化工艺流程、减少建设及运营成本，同时提高处理效率与系统稳定性。

图 6-15　四合一反应池

6.4.4.1　反应沉淀池

反应沉淀池包含曝气沉砂池、气浮池、斜管沉淀池以及转鼓格栅。主要作用为进一步去除浮油、悬浮物质以及沉淀物，为后续曝气生物滤池提供良好的处理条件。实习企业的反应沉淀池设计规模为 $6.85 \times 10^4 \mathrm{m}^3/\mathrm{d}$，由曝气沉砂池、气浮池、斜管沉淀池组成，共设 4 座。

6.4.4.2　曝气生物滤池

曝气生物滤池在 6.2.2.6 章节已有介绍，利用特定材料如火山岩或球形陶粒作为填料。曝气生物滤池可以分为上向流和下向流两种类型。上向流曝气生物滤池更接近理想滤池的设计，因此在实际工程应用中更为广泛。这种设计不仅提高了处理效率，还有助于简化操作和维护流程。一些污水处理厂会在二级曝气生物滤池与反硝化生物滤池之间加入反冲洗清水池，从下向上冲刷沉淀在池底部的淤泥，达到清洗的目的，防止污泥过厚导致处理效率不高。

曝气生物滤池的工作原理如图 6-16 所示。污水由上向下或者由下往上流过滤料层，滤料层下部设有鼓风曝气，空气与污水逆向或同向接触，使污水中的有机物与填料表面的生物膜发生生化反应得以降解，填料同时起到物理过滤阻截作用。

一级曝气生物滤池又称 C/N 曝气生物滤池，主要功能是将有机氮化合物分解、转化为氨态氮，此过程称为氨化过程。由于氨化细菌为好氧菌，所以此过程需要不断从池底部曝气，使污水中溶解氧丰富，从而给氨化细菌提供有氧环境，提高处理效率。处理后污水中的有机氮转化为可溶于水的氨根离子，再转至二级曝气生物滤池进一步处理。

二级曝气生物滤池又称 N 曝气生物滤池，主要功能是将污水中的氨氮氧化成硝酸氮或亚硝酸氮。该厂曝气生物滤池内装填有高比表面积的陶粒填料（图 6-17），以提供微生物膜生长的载体。

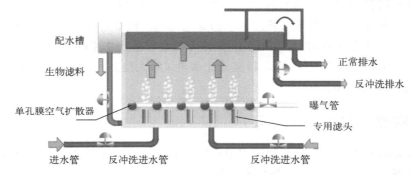

图 6-16　曝气生物滤池工作原理

(a) 细颗粒　　　　　　　　　　(b) 粗颗粒

图 6-17　陶粒填料

二级曝气生物滤池中含有多种微生物，主要由硝化细菌和亚硝化细菌作用，两种细菌均为好氧型细菌，所以也需要曝气装置源源不断地向污水中提供氧气，制造水中有氧环境。首先由硝化细菌将一级曝气生物滤池产生的氨态氮转化为溶于水的硝酸根离子，同时亚硝化细菌将铵根离子转化为亚硝酸根离子，产生亚硝酸根离子后，硝化细菌又可以将亚硝酸根离子转化为硝酸根离子，这三个过程都叫硝化过程。

实习企业的一级和二级曝气生物滤池面积均为 $729.6m^2$。

6.4.4.3　反硝化生物滤池

反硝化生物滤池又称 DN 曝气生物滤池，主要由反硝化细菌作用，反硝化细菌将二级曝气生物滤池产生的硝酸盐或亚硝酸盐还原成氮气的过程叫反硝化作用。反硝化细菌是一类化能异养兼性缺氧型微生物，其反应需在缺氧条件下进行。反硝化生物滤池通常由滤料层、进水装置、出水装置和供气系统组成。滤料提供了细菌生长的载体，同时可以过滤污水中的悬浮物。反硝化过程中反硝化菌利用各种有机基质作为电子供体，以硝态氮为电子受体而进行缺氧呼吸。首先通过细菌体内的硝酸盐还原酶将硝酸根离子转化为亚硝酸根离子，转化后的亚硝酸根离子与二级曝气生物滤池产生的亚硝酸根离子再由亚硝酸盐还原酶转化为 NO，随后 NO 由反硝化细菌体内的氧化还原酶转化为 N_2O，最后由氧化二氮还原酶转化为 N_2，实现有机氮无害化处理。

在此生物滤池中，由于前两级生物滤池已经消耗了大部分的有机物，为满足反硝化细菌的生存条件，有时会在此滤池额外加入碳源，例如葡萄糖、醋酸钠、甲醇等有机物。添加这些碳源旨在为反硝化细菌提供所需的能量和养分，以促进反硝化反应的进行。通过加入适量的碳源，可以提高反硝化生物滤池的处理效果。反硝化细菌利用这些碳源进行新陈代谢，将亚硝酸盐还原为氮气，从而有效去除污水中的氮化合物。然而，需要注意的是，碳源的添加量需要根据实际情况进行控制，添加过多的碳源可能会导致出水 COD 升高，影响处理效果。

该厂反硝化生物滤池共设 10 座，每座设计水量（最大值）为 285.42m³/h，单格有效过滤面积为 72.96m²（12m×6.08m）。

6.4.5　高密度沉淀池（除磷间）

高密度沉淀池的主要功能是消除污水中的磷元素，亦被称作除磷间。该设施由两个关键部分构成：絮凝池（亦即反应区）与斜板沉淀池（澄清区）。在絮凝池内，利用回流污泥以丰富水中颗粒物的级配，并借助其固有的吸附特性，促使胶体颗粒失稳，从而提升混凝效果，并增加矾花的密实度。所述回流污泥系由该工艺自行生成，无须外界补充。污水流入反应区之后，加入混凝剂与絮凝剂，促进胶体颗粒的沉降。继而，含有沉降颗粒的污水进入斜板沉淀池，进行泥水分离作业。在此斜板沉淀池中，倾斜的板面设计扩大了沉淀面积，从而提高了沉淀效率，最终实现了除磷、除去胶体颗粒以及进一步净化水质的目标。经由高密度沉淀池的处理，可有效去除污水中的磷元素，水质得到进一步提升净化。

该厂的除磷间设计规模为 $5×10^4m^3/d$，平面尺寸为 42.0m×36.0m，建筑高度为 12m，内设置两座高密度沉淀池。高密度沉淀池工艺流程如图 6-18 所示。

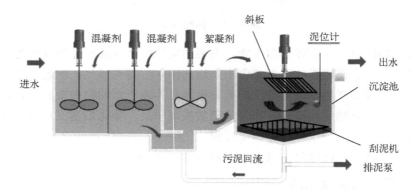

图 6-18　高密度沉淀池工艺流程

6.4.6　紫外线消毒间

投药系统包括 PAC、乙酸钠及 PAM 投药间,通过加药,可以有效去除水中的杂质、杀灭细菌和病毒,调整水的 pH 值和硬度等参数,从而提高水质,确保出水达到安全排放或再利用的标准。紫外线消毒系统(实习企业目前停用,改为投加杀菌剂)通常包括紫外线灯管、反应器(消毒腔体)、控制系统等,这些设备集成为一体,确保污水得到充分的紫外线照射。通过特定波长的紫外线照射污水,破坏微生物的 DNA 结构,使其失去繁殖能力或死亡,可以有效杀灭水中的细菌、病毒和其他微生物,确保出水达到卫生标准,实现水资源的有效利用和对环境的保护。加药与紫外线消毒能够有效地消除水中的有害微生物,从而使处理后的水更加安全、卫生。这对于维护公众健康、预防水传播疾病的发生具有重要的意义,确保出水达到卫生标准的同时也有助于提高水资源的利用效率,减少对水资源的浪费和污染。

高密度沉淀池出水进入紫外线消毒间进行消毒杀菌。紫外线消毒间的平面尺寸为 18.0m× 12.0m,设计规模 $10 \times 10^4 m^3/d$,设备按 $5.0 \times 10^4 m^3/d$ 安装,如图 6-19 所示。

图 6-19　紫外消毒间

6.4.7　排放泵房

排放泵房的主要功能是经由管道系统,将经过处理的污水输送至预定的排放地点。该设施内部装备了一系列设备,其中排放泵作为核心组件,负责抽取泵房内的污水并将其推动进入排放管道。阀门的作用在于调节污水的流量与流向,确保污水能够沿既定路径进行排放。管道则扮演连接排放泵与排放点的关键角色,使得污水得以被准确送达指定位置。除此之外,排放泵房还配备有控制系统,此系统具备对排放泵、阀门及管道等设备的监控与控制功能,能够实时监测各项设备的运行状况,并根据实际需求进行调整及故障处理,以保障污水排放过程的顺畅进行。

经紫外消毒间消毒后的处理水由排放泵排出,排放泵设置于排放泵房。该厂排放泵房土建设计规模为 $10 \times 10^4 m^3/d$,设备按 $5.0 \times 10^4 m^3/d$ 安装,如图 6-20 所示。

图 6-20　排放泵

6.4.8　生物除臭间

在生活污水处理过程中，不可避免地会释放出恶臭。这些气味主要来源于两个方面：一是污水本身所固有的异味；二是在微生物作用下产生的恶臭气体。生活污水处理厂产生的恶臭气味主要来自含硫化合物、含氮化合物、含氧化合物、烃类等恶臭物质。目前除臭技术主要有碱洗喷淋吸收法和生物除臭法。生物除臭技术具有处理成本低、无二次污染、使用寿命长、高效、稳定、投资适中、易于管理等特点，是未来臭气净化的发展方向。

生物除臭法是恶臭气体被生物填料上的水溶液吸收，然后在此生物膜上进行好氧反应使恶臭气体被降解和分解。含恶臭物质的气体经过去尘增湿或降温等预处理工艺后，从滤床底部由下往上穿过滤床，通过滤层时恶臭物质从气相转移至水-微生物混合相（生物层），经附着生长在滤料上的微生物的代谢作用被分解掉。生物滤料多选择竹炭生物填料、火山岩生物滤料。

该污水处理厂的除臭工艺采用"生物洗涤+生物滴滤"的组合工艺，除臭装置主体尺寸为 16.8m×33.8m×6.3m（长×宽×高），内设有生物除臭装置一套，生物过滤床两套，总处理能力为 42000m³/h，如图 6-21 所示。

图 6-21　除臭间及主体设备

6.4.9　污泥深度脱水间

污泥深度脱水间设有进料系统、污泥输送调理系统、隔膜压榨系统、暂存外运系统等，主要对污泥脱水间的污泥进行更深一层的脱水，滤布多为涤纶滤布与丙纶滤布（图 6-22）。丙纶滤布耐酸性、耐强碱性、耐磨性好，耐温90℃；涤纶滤布耐酸、耐弱碱、耐磨性、耐腐性好，导电性能差，耐温130～150℃。

　　该厂污泥深度脱水间平面尺寸为24m×20m，建筑高度为15m，主要是通过压滤脱水系统进一步降低污泥含水率，实现污泥的减量化和稳定化处理。压滤脱水系统经调理后的污泥通过主机进料泵泵入压滤系统（主体设备为板框压滤机，如图6-23所示）进行压滤脱水。通过加药压滤后，污泥含水率降至50%～60%（图6-24），达到填埋的指标要求。

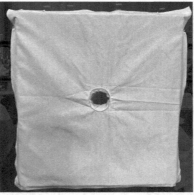

图 6-22　滤布

图 6-23　板框压滤机

图 6-24　压滤后的生活污泥

6.4.10　中控室

　　中控室（图6-25）主要负责工艺运行监控、电力系统监控、视频系统监控、外围泵站监控等，主要监控各个工段液位、流量、水质监测、水量监测、进出液平衡、反洗控制、泵站输水控制及其他设备参数调整、控制。

　　污水处理厂的中控室是全厂运作的"神经中枢"，处于污水处理设施的核心地位。在中控室中可以对污水处理厂的运作流程及系统构成有一直观了解，中控室中的监控设备与控制系统负责实时监测并控制污水处理流程的各个环节。借助显示屏与控制台，工作人员得以及时掌握污水处理过程中关键参数及运行状况，进而实施精确调整与管理。

图 6-25　某污水处理厂中控室

 实习讨论与考核

　　（1）该化工园区污水处理厂二级处理的核心工艺是什么？为什么选择该工艺？该工艺有何优缺点？

　　（2）该化工园区污水处理厂的工艺流程有何特点？在哪些阶段会产生二次污染？应该如何处理？

　　（3）分析该污水处理厂臭气控制的必要性及处理工艺。

　　（4）化工园区废水"零排放"技术对于污水处理厂有何借鉴意义？

　　（5）记录化工园区污水处理厂的处理量、进出水水质、处理工艺流程和主要设备。

　　（6）记录化工园区污水特征以及排放要求。

　　（7）记录化工园区污水处理工艺设备运行参数。

　　（8）收集、查阅厂区环境管理规章制度和污染控制措施。

第7章

市政污水厂实习

7.1 市政污水厂简介

7.1.1 市政生活污水处理

随着经济的持续增长和城市化的深入推进，人类活动导致的污水排放量持续增加。据统计，2022 年中国城镇生活污水的排放总量达到了 $742.63 \times 10^8 m^3$。从 2011 年到 2015 年，城镇生活污水排放量呈现逐年上升的趋势，平均年增长率约为 5%～6%。从 2016 年到 2025 年，这一增长速度有望保持在 6% 左右。城市生活污水不仅在数量上逐年增加，其成分也变得越来越复杂。若城市污水得不到有效控制，将会导致恶臭、刺激性气味和细菌等污染物在城市中蔓延，对周边居民的生活和生产环境造成多种不利影响。因此，加强城市污水处理和管理显得尤为重要。

市政污水处理，简而言之，就是对城市居民生活污水和工业废水进行收集、处理和再利用的过程。这个过程涉及物理、化学和生物等多种技术的综合应用，目的是将污水中的有害物质去除或降低到安全标准以下，最终使水质达到可以排放或再利用的要求。市政污水处理是城市管理的重要组成部分，对于保护水资源、改善水环境质量、促进可持续发展具有重要意义。

随着技术的发展和环保意识的提高，市政污水处理也在不断进步，以适应不断变化的环境和社会需求。市政污水处理不仅涉及技术层面的问题，还需要综合考虑城市规划、环境保护、经济发展等多方面因素。在此背景下，国家和社会对环境保护的重视程度逐步加强，污水处理技术不断更新迭代，现场实习能够让学生深入了解当前污水处理的技术，提升环保和可持续发展意识，为今后从事相关工作打下良好基础。

7.1.2　市政污水厂的实习意义

市政污水厂实习对于环境工程专业的学生而言，具有极其重要的意义。该实习不仅有助于深化学生们对于专业知识的理解，而且能显著提升他们的实践技能与职业能力。在污水处理厂的实习过程中，学生得以将在课堂上获取的理论知识运用于实际工作之中，从而更加深入地理解污水处理的原理及流程。面对实际工作中遇到的挑战与问题，学生应学会运用创新思维寻求解决之道，这一过程有助于提高其创新能力。此外，实习经历还助于学生适应真实的工作环境，学习如何在职场中进行有效沟通与协作、解决问题以及如何妥善管理时间与资源。通过实习，学生能够更清晰地认识到当前污水处理领域所面临的问题与挑战，这不仅能够为他们未来的学术研究提供灵感与方向，还能够帮助他们明确自己的职业兴趣与发展方向，为其未来的职业生涯规划提供指导。

实习不仅可以为学生提供更多实践机会，还能够促进学校与行业之间的沟通和协作。这种双向的交流对于专业发展来说是极其宝贵的，能够帮助我们了解行业中的实际问题，培养学生解决实际问题的能力。通过深入了解污水处理厂的运作，学生对自己的专业有了更深刻的认识，对自己肩负的责任有了清晰的了解，通过亲身参与污水处理工作，学生可以更深刻地认识到环境保护的重要性，增强环保意识。环境工程专业非但涉及理论学问，亦与实际生活紧密相连，属于实践领域的重要组成部分。在市政污水处理厂的实习中，学生会遇到许多复杂的技术问题。面对这些问题，需要动用自己的知识和创造力来寻找解决方案。实习结束后，学生应学会积极关注国内外在水处理技术与管理经验方面的先进成果，积极投身于科研项目与实践活动，提升个人的专业素质与实践技能以及培养自己的创新能力。

7.2　市政污水特征及相关排放标准

7.2.1　市政污水主要特征

市政污水来源主要为生活污水和大气降水。污水中的有机物含量普遍较高，主要成分包括蛋白质、动植物脂肪、氨氮（NH_3-N）、磷（P）等。同时，细菌和病原微生物的数量也在持续增多。另外，可能含有如汞、六价铬、铁等重金属元素。

生活污水包括来自住宅、机关、学校、医院、商店、公共场所以及工业企业卫生间等的废水。生活污水中含有的有机物容易腐化，产生恶臭，并且可能成为病原体繁殖的温床。城市生活污水若肆意排放，将成为周边生态的隐形杀手。一旦有害物质超标，大自然净化不及，水生生态将遭受致命打击。水生生物赖以为生的溶解氧因污染而减少，导致水质恶化、水体发臭，破坏生态平衡。

城市降水和部分受污染的地表水也是市政污水的来源之一。初期雨水中含有悬浮固体、有机物、植物营养物、重金属等，且可能含有较高浓度的病原体，如细菌、病毒和寄生虫。初期雨水中的有机物可能以难降解的形式存在，这使得其可生化性较差。初期雨水携带的污染物类型和浓度随时间和地点变化，这会导致进入污水处理厂的水质波动，增加了处理难度。

因此，市政污水的产生涉及日常生活的方方面面，其管理和处理对于保护环境和公共卫生具有重要意义，掌握各类污水特性有助于精准施策，从而显著提高污水处理效率。

7.2.2 排放标准

城镇生活污水厂的出水水质采用 GB 18918—2002《城镇污水处理厂污染物排放标准》中的一级 A 标准（表 6-1），要求最高允许排放浓度（日均值）为：化学需氧量（COD）50mg/L，生化需氧量（BOD）10g/L，悬浮物（SS）10mg/L，动植物油 1mg/L，石油类 1mg/L，阴离子表面活性剂 0.5mg/L，总氮（以 N 计）15mg/L，氨氮（以 N 计）5（8）mg/L，总磷（以 P 计）0.5mg/L，色度（稀释倍数）30mg/L，pH 为 6～9，粪大肠菌群数 10^3 个/L。进水水质采用 GB/T 31962—2015《污水排入城镇下水道水质标准》中的 A 级标准。

7.3 污水处理工艺与设施

7.3.1 污水处理工艺

市政污水处理一般包括两级的处理系统，其中一级处理主要以物理处理为主，二级处理以生物处理为主，典型的工艺流程如图 7-1 所示。

市政污水处理厂常用的处理工艺有活性污泥法、曝气生物滤池法、氧化沟工艺、A/O 工艺、SBR 法以及 A²/O 工艺。具体可参照 6.2.2 节。

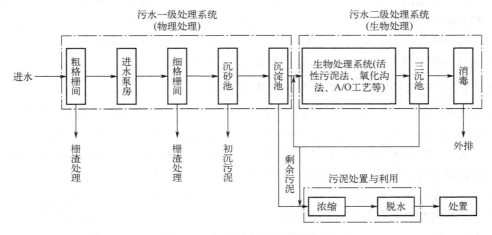

图 7-1 市政污水处理工艺流程

7.3.2 污水处理设施

从进水至出水的设备与设施主要有：预处理间（设备包括粗格栅、细格栅、旋流沉砂池、砂水分离器等）、气浮间（设备主要为溶气罐、释放设备以及刮渣机械等）、调节水池及提升泵池（设备主要为提升泵）、四合一池（包含反应沉淀池、一级曝气生物滤池、二级曝气生物滤池、反硝化生物滤池、反冲洗清水池）、高密度沉淀池（包含絮凝池、斜板沉淀池）、加药间与紫外线消毒间（投药系统包括 PAC、乙酸钠及 PAM 投药间，紫外线消毒系统通常包括紫外线灯管）、反应器（消毒腔体、控制系统等）、排放泵房（设备主要为排放泵）、生物除臭间、污泥脱水间与污泥深度脱水间（设备主要为离心脱水机，污泥深度脱水间设有进料系统、污泥输送调理系统、隔膜压榨系统、暂存外运系统等）、中控室。预处理间、气浮间、调节水池及提升泵池、四合一池、高密度沉淀池、加药间与紫外线消毒间、排放泵房、生物除臭间、污泥脱水间与污泥深度脱水间的相关信息参照 6.4.2 至 6.4.10 章节。

7.4 实习的城镇污水处理厂

7.4.1 污水处理厂Ⅰ

7.4.1.1 污水处理厂Ⅰ情况简介

实习污水处理厂Ⅰ主要负责处理市区的生活污水，设计处理规模为 10 万 m^3/d，占地 9.9 公顷。该厂自 2000 年 4 月开工建设，于 2001 年 9 月 30 日竣工，并在同年 10 月 8 日开始运行。设计进水水质 BOD_5＜200mg/L、COD_{cr}＜400mg/L、SS＜270mg/L，BOD_5、COD_{cr}、SS 去除率依次达到 85%、70%、89%以上，出水水质要求满足 GB 18918—2002《城镇污水处理厂污染物排放标准》的一级 A 标准。

为了提高水资源的利用效率，该污水处理厂通过改造外排泵房，将中水与市政绿化主线连接，用于灌溉等。据统计，该市计划新增 900 万吨中水，使得中水回用率超过 50%。这一措施旨在科学统筹中水利用，实现该污水处理厂中水利用量置换地表水取用量不少于 800 万吨/年。污水处理厂Ⅰ厂区布局及部分设施情况见图 7-2 至图 7-4。

7.4.1.2 污水处理厂Ⅰ工艺流程及主要设备

污水处理厂采用氧化沟工艺，其工艺流程为：城市污水由排水总网至排水干管，然后进入污水处理厂，污水经进水井至隔栅间（其中分三条廊道，每条廊道设粗细两道隔栅，粗隔栅为人工清渣，细隔栅采用弧形隔栅除污机），去除粗大杂质，再经过两座旋流沉砂池，由两套无轴螺旋砂水分离器进行砂水分离；经预处理的污水，配水后进入氧化沟处理系统进行生化处理，污水在曝气转盘作用下，沿氧化沟环形通道不断循环，水中污染物在混合液悬浮污泥的作用下被大量去除，处理好的污水经二沉池沉淀后进入集水井，采用紫外线消毒后外输泵房经 40km 管线外排，二沉池产生的污泥部分回流至氧化沟用于污水处理，剩余污泥通过可调堰进入污泥浓缩池浓缩，脱水后外运至生活填埋场填埋。工艺流程见图 7-5，主要设备设施见表 7-1。

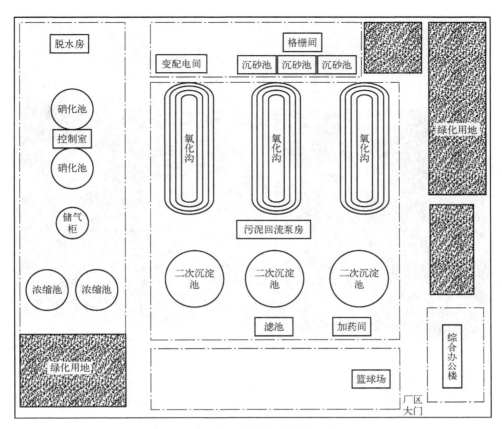

图 7-2 污水处理厂Ⅰ平面布局

图 7-3 污水处理厂Ⅰ全景

图 7-4　污水处理厂 I 氧化沟

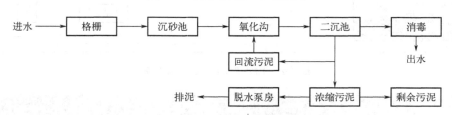

图 7-5　污水处理厂 I 污水处理工艺流程

表 7-1　污水处理厂 I 主要设备一览表

项目名称	主要设备
格栅	三条进水廊道，每条各有 1 个粗、细格栅
沉砂池	2 座旋流沉砂池
氧化沟	三座氧化沟，3.3 万 m^3/d，设有卧式曝气转盘
二沉池	2 座辐流式沉淀池，3.3 万 m^3/d，配刮泥机
污泥浓缩池	2 座圆形池，2 台浓缩机
脱水机房	2 台离心脱水机

7.4.2　污水处理厂Ⅱ

（1）污水处理厂Ⅱ情况简介

污水处理厂Ⅱ（一期、二期）总占地 109980.00m² （约 11 公顷，厂区布局见图 7-6），一期处理规模为 $5 \times 10^4 m^3/d$，出水水质为 GB 18918—2002《城镇污水处理厂污染物排放标准》一级 A 标准。新建二期部分的处理规模为 $10 \times 10^4 m^3/d$，污水处理深度为出水水质达到 GB 18918—2002《城镇污水处理厂污染物排放标准》一级 A 标准，且需要满足 GB/T 18920—2020《城市污水再生利用　城市杂用水水质》绿化用水水质要求。

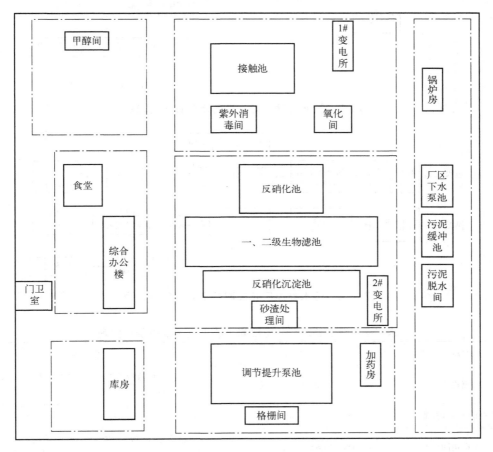

图 7-6　污水处理厂Ⅱ平面布局示意图

（2）污水处理厂Ⅱ工艺流程及主要设备

污水处理厂Ⅱ一期工程建设 12.79km 外排管线，采用"预处理+ 曝气生物滤池+紫外线消毒"处理工艺（见图 7-7），污水来源于城区的生活污水。二期工程建设内容包括改造优化一期工程、扩建二期工程，污水依次经格栅、曝气沉淀池、多段多级 A/O 生物池、终沉池、污水深度处理间、接触池，达标后排放至周围湿地，污泥脱水后送生活垃圾填埋场填埋（见图 7-8）。二期工程建设完成后污水处理厂处理规模达 15 万 m³/d。主要建（构）筑物及主要设备见表 7-2。

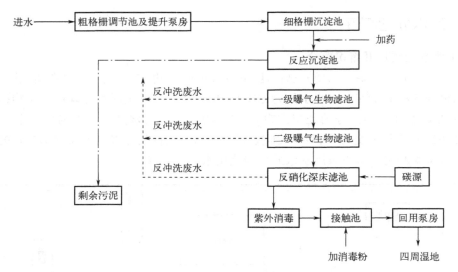

图 7-7　污水处理厂Ⅱ一期污水处理工艺流程

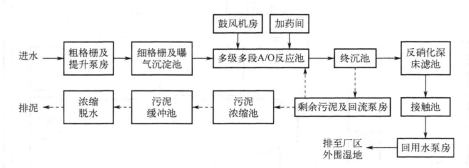

图 7-8　污水处理厂Ⅱ二期污水处理工艺流程

表 7-2　污水处理厂Ⅱ主要建（构）筑物及设备一览表

名称	规格/数量	主要设备
粗栅格间	12m×12m×5m，1 座	回转式格栅除污机 3 台，单悬梁起重机 1 台，螺旋压榨机 1 台
调节池及提升泵池	35m×35m×5m，1 座	潜污泵 3 台，潜水搅拌器 4 台
细栅格间	15m×9.6m×17m，1 座	细格栅 2 台，砂水分离器 1 台，隔油池 1 台，鼓风机 2 台，空压机 1 台
反应沉淀池	20m×15m×6.5m，2 座	中心传动悬挂式刮泥机 2 台，潜水曝气机 8 台，撇渣器 4 台，转鼓式细格栅 2 台，蜂窝斜管 260m²
一级曝气生物滤池	12m×6m×7.5m，6 座	单级单吸卧式离心泵 4 台，潜水排污泵 2 台，反冲洗空压机 1 台，生物滤池鼓风机 12 台，单孔膜曝气器 53296 个，稳流栅 12 块
二级曝气生物滤池	12m×6m×8m，6 座	
反硝化滤池	12m×6m×7m，6 座	长柄滤头 22094 个，静态混合器 2 个
接触池	2000m³，1 座	过硫酸氢钾复合粉投加设备 3 台
紫外线消毒间	15m×10.2m×4.5m，1 座	紫外模块（22kW）1 套

名称	规格/数量	主要设备
加氯间	36m×12m×6m，1座	二氧化氯发生器（4kW）2台，氯酸钠储罐1个，盐酸储罐1个，酸雾吸收器1个，卸酸泵1台，水射器1个
加药间	18m×12m×4.8m，1座	隔膜计量泵1套，搅拌器4台
综合泵房	48m×9m×6m，1座	离心泵9台，消防泵4台
甲醇储库	20m³，1座	甲醇泵2套，甲醇罐2个
污泥缓冲池	19.8m×9m×5.15m，1座	螺杆泵2台，污泥切割机2台
污泥脱水间	24m×12m×9m，1座	离心脱水机2台，絮凝装置1套
厂区下水泵池	5.7m×5m×6.8m，1座	潜污泵2台，Q=150m³/h
污水深度处理间	6880m³、10500m³，各1座	配气管系统10套，冷冻式干燥机1台，碳源投加泵3台，PAC投加装置3套，低速潜水搅拌推进器16套，曝气盘5632套，回流污泥泵4台，剩余排污泵2台，各种蝶阀若干
多段多级 A/O 生物池	68m×162m×8m，1座	
生物除臭间	34m×12m×6m，2座	生物滤池60000m³/h 2套，离心风机2台，循环水泵4台，喷淋系统2套

 实习讨论与考核

（1）简述活性污泥法处理市政污水的原理及优势。

（2）比较 SBR 与 A/O 处理工艺在市政污水处理上的优缺点。

（3）思考市政污水处理在整个人类排放的"生产生活废水"处理中的作用。

第8章

综合危险废物处置企业实习

8.1 企业简介

　　该企业是集危险废物焚烧、固化填埋、物化废水、废矿物油资源化利用为一体的综合性危险废物处置经营单位，也是区域危险废物处置示范中心。

　　该危废处置企业获得《国家危险废物名录》中除 HW01 医疗废物、HW10 多氯（溴）联苯类废物、HW15 爆炸性废物、HW29 含汞废物之外的共 42 大类 432 种危险废物处置许可。其中焚烧处置 0.99 万吨/年，采用高温焚烧回转窑，主要处理热值较高的涂料、蒸馏残渣、有机树脂、有机溶剂、污泥等废物，处理装置主要包括废物预处理及进料、焚烧和烟气处理系统；物化处理 0.8 万吨/年，主要处理废乳化液、酸碱废液及其他工业废水等；废矿物油处理 1 万吨/年，主要是回收资源化利用废油等；安全填埋处理 2.2 万吨/年；危险废物包装容器无害化资源化利用 0.2 万吨/年。厂区平面布局如图 8-1 所示。

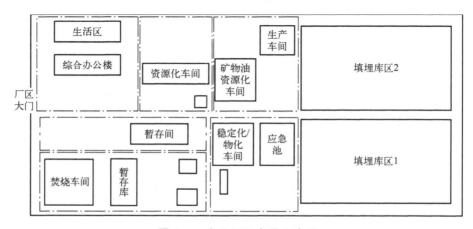

图 8-1　企业厂区布局示意图

8.2 危险废物基础知识简介

根据《国家危险废物名录（2025 年版）》，危险废物是指具有毒性、腐蚀性、易燃性、反应性或者感染性一种或者几种危险特性的，不排除具有危险特性，可能对生态环境或者人体健康造成有害影响，需要按照危险废物进行管理的固体废物（包括液态废物）。

在《控制危险废物越境转移及其处置的巴塞尔公约》划定的类别基础上，结合我国实际情况，《国家危险废物名录（2025 年版）》（表 8-1）将危险废物划分为 46 大类 470 种。危险废物与其他物质混合后的固体废物，以及危险废物利用处置后的固体废物的属性判定，按照国家规定的危险废物鉴别标准执行。废物代码是指危险废物的唯一代码，为 8 位数字。其中，第 1～3 位为危险废物产生行业代码（依据 GB/T 4754—2017《国民经济行业分类》确定），第 4～6 位为危险废物顺序代码，第 7～8 位为危险废物类别代码。

表 8-1 《国家危险废物名录（2025 年版）》中危险废物分类

HW01 医疗废物	HW02 医药废物	HW03 废药物、药品	HW04 农药废物
HW05 木材防腐剂废物	HW06 废有机溶剂与含有机溶剂废物	HW07 热处理含氰废物	HW08 废矿物油与含矿物油废物
HW09 油/水、烃/水混合物或乳化液	HW10 多氯（溴）联苯类废物	HW11 精（蒸）馏残渣	HW12 染料、涂料废物
HW13 有机树脂类废物	HW14 新化学物质废物	HW15 爆炸性废物	HW16 感光材料废物
HW17 表面处理废物	HW18 焚烧处置残渣	HW19 含金属羰基化合物废物	HW20 含铍废物
HW21 含铬废物	HW22 含铜废物	HW23 含锌废物	HW24 含砷废物
HW25 含硒废物	HW26 含镉废物	HW27 含锑废物	HW28 含碲废物
HW29 含汞废物	HW30 含铊废物	HW31 含铅废物	HW32 无机氟化物废物
HW33 无机氰化物废物	HW34 废酸	HW35 废碱	HW36 石棉废物
HW37 有机磷化合物废物	HW38 有机氰化物废物	HW39 含酚废物	HW40 含醚废物
HW45 含有机卤化物废物	HW46 含镍废物	HW47 含钡废物	HW48 有色金属采选和冶炼废物
HW49 其他废物	HW50 废催化剂		

8.2.1 相关法律法规及标准

① 《中华人民共和国环境保护法》；

② 《中华人民共和国固体废物污染环境防治法》；

③ 《国家危险废物名录（2025 年版）》；

④ 《危险废物经营许可证管理办法》；

⑤ 《危险废物安全填埋处置工程建设技术要求》；

⑥ 《危险废物转移联单管理办法》；

⑦ 《危险废物规范化管理指标体系》；

⑧ GB 5085.1—2007《危险废物鉴别标准 腐蚀性鉴别》，GB 5085.2—2007《危险废物鉴别标准 急性毒性初筛》，GB 5085.3—2007《危险废物鉴别标准 浸出毒性鉴别》，GB 5085.4—2007《危险废物鉴别标准 易燃性鉴别》，GB 5085.5—2007《危险废物鉴别标准 反应性鉴别》，GB 5085.6—2007《危险废物鉴别标准 毒性物质含量鉴别》；

⑨ GB 18484—2020《危险废物焚烧污染控制标准》；

⑩ HJ 561—2010《危险废物（含医疗废物）焚烧处置设施性能测试技术规范》；

⑪ GB 18598—2019《危险废物填埋污染控制标准》；

⑫ GB 15562.2—1995《环境保护图形标志 固体废物贮存（处置）场》；

⑬ HJ 298—2019《危险废物鉴别技术规范》；

⑭ HJ/T 176—2005《危险废物集中焚烧处置工程建设技术规范》；

⑮ HJ 2025—2012《危险废物收集 贮存 运输技术规范》；

⑯ GB 5085.7—2019《危险废物鉴别标准 通则》；

⑰ HJ 1276—2022 《危险废物识别标志设置技术规范》。

8.2.2 危险废物的运输要求

危险废物的运输按照《道路危险货物运输管理规定》执行。基于《关于危险货物运输的建议书-规章范本》（TDG）以及相关国际规章，依据 GB 6944—2012《危险货物分类和品名编号》等标准将危险货物运输分为 9 大类：

第 1 类：爆炸品；

第 2 类：气体；

第 3 类：易燃液体；

第 4 类：易燃固体、易于自燃的物质、遇水放出易燃气体的物质；

第 5 类：氧化性物质和有机过氧化物；

第 6 类：毒性物质和感染性物质；

第 7 类：放射性物质；

第 8 类：腐蚀性物质；

第 9 类：杂项危险物质和物品，包括危害环境物质。

8.2.3 危险废物的转运要求

根据《危险废物转移管理办法》，除在海洋转移或转移符合豁免要求的危险废物外，应当执行危险废物转移联单（图 8-2）制度。危险废物移出人（产废单位）、危险废物承运人（运输单位）、危险废物接受人（处置单位）分别承担危险废物转移过程中相应的责任，并在国家危险废物信息管理系统填写、运行危险废物电子转移联单。

联单编号：

第一部分 危险废物移出信息（由移出人填写）							
单位名称：				应急联系电话：			
单位地址：							
经办人：		联系电话：		交付时间： 年 月 日 时 分			
序号	废物名称	废物代码	危险特性	形态	有害成分名称	包装方式	包装数量	移出量（吨）
1	含油污泥	071-001-08	易燃性,毒性	固态	$C_{15}\sim C_{36}$的烷烃、多环芳烃（PAHs）、烯烃、苯系物、酚类	槽罐	1	
第二部分 危险废物运输信息（由承运人填写）							
单位名称：				营运证件号：			
单位地址：				联系电话：			
驾驶员：				联系电话：			
运输工具：				牌号：			
运输起点：				实际起运时间： 年 月 日 时 分			
经由地：							
运输终点：				实际到达时间： 年 月 日 时 分			
第三部分 危险废物接受信息（由接受人填写）							
单位名称：				危险废物经营许可证编号：			
单位地址：							
经办人：		联系电话：		接受时间： 年 月 日 时 分			
序号	废物名称	废物代码	是否存在重大差异	接受人处理意见	拟利用处置方式	接受量（吨）	
1	含油污泥	071-001-08	无	接受	R9		

打印时间：2024-04-21 15:41:44 防伪码：8a155862e1de0f1343a86066aec35b68

第1页 共1页

图 8-2 危险废物转移联单示例

8.2.4 危险废物的接收

对在厂内待检区的危险废物取样，进行快速定量或定性分析，将样品送厂区化验室进行分析化验或产废单位自行化验后提交化验报告，然后对化验报告进行复核，验证危险废物转移联单，根据分析化验结果判断废物能否进入本厂。在各项检验、复核均满足要求后，再对接收的废物及时登记，将进厂废物的数量、质量等有关信息输入计算机系统，填写危险废物分类分区登记表，并通知各区相应交接贮存。

8.2.5 危险废物的分析

综合危险废物处置厂需要配套建设相应的分析实验能力，如对入场废弃物成分进行化验分析及分类，验证危险废物转移联单；负责对各处理车间的物料、产物等进行取样和成分检测分析；检测分析各废物处理单元排放、监测控制点的污染指标；对场区地下水、地表水、大气和土壤等环境指标进行取样和检测；配合生产进行必要的检测分析。

具体项目包括：危险废物入厂分析（有害物质含量分析、腐蚀性分析、浸出毒性分析、急性毒性初筛、易燃性鉴别、反应性鉴别、毒性物质含量鉴别）和焚烧车间的生产测试（物理性质分析：物理组成、容重、尺寸。工业分析：固定碳、灰分、挥发分、水分、灰熔点、低位热值；元素分析和有害物质含量分析。特性鉴别（腐蚀性、浸出毒性、急性毒性、易燃易爆性）；焚烧残渣热灼减率；焚烧烟气测试，包括烟尘、硫氧化物、氮氧化物、氯化氢等污染因子的测定，以及氧、一氧化碳、二氧化碳等工艺指标实行在线监测）。其中，危险废物采样和特性分析符合 HJ/T 20—1998《工业固体废物采样制样技术规范》和 GB 5085.7—2019《危险废物鉴别标准　通则》中的有关规定。

8.2.6　危险废物的贮存要求

危废贮存设施按 GB 18597—2023《危险废物贮存污染控制标准》进行建设，贮存场所根据 HJ 1276—2022《危险废物识别标志设置技术规范》设立专用标志（图 8-3），危废查明特性后按如下要求进行存放：性质不同或相抵触能引起燃烧、爆炸或灭火方法不同的物品不得同库储存；性质不稳定，易受温度或外部其他因素影响可引起燃烧、爆炸等事故的应当单独存放；剧毒等特殊物品应专库专柜专人负责；对化学特性类似的物品可以同库存放。

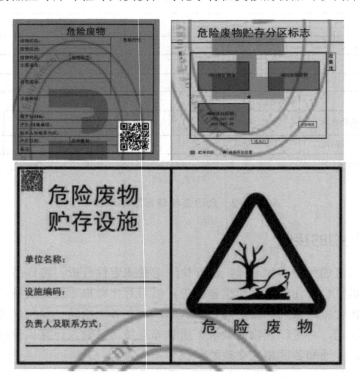

图 8-3　危险废物标识示例

8.3 危险废物焚烧

8.3.1 危险废物的预处理

综合处置的危险废物有液态、固态、半固态三种状态，焚烧前根据不同的性质分别进行预处理。

8.3.1.1 液态废物

分析热值（单位质量或体积的燃料完全燃烧时所放出的热量）和相容性（共混物各组分彼此相互容纳形成宏观均匀材料的能力）后分别贮存待烧。对于流动性较好的液体废物，可以直接泵入废液缓冲罐，按热值计算配比直接计量入炉焚烧；有杂质的液体经过过滤箱过滤后再泵入废液缓冲罐，以防止废液中的固体颗粒物堵塞喷嘴。过滤出来的废渣收集后送入回转窑进行焚烧处理。

8.3.1.2 固态和半固态废物

尺寸不超过 15cm×15cm×15cm 以内的物料，直接投入配料坑，大于以上尺寸的可破碎废物通过破碎机破碎后滑入配料坑；刺激性气味较大的半固态物料分开待烧，气味极小的半固态物料倒入配料坑。入配料坑的物料在入坑前已按焚烧要求的热值配伍，通过计算计量倒入。

所有入配料坑物料通过抓斗反复抓取以实现坑内物料的均质化。破碎机破碎过程也起到一定程度的混合作用。对于不可破碎的特殊性质物料直接通过窑头的独立推料装置少量多次推入焚烧炉焚烧。

破碎机选用剪切式破碎机，破碎能力为 5～8t/h，采用氮气保护方式，同时预留蒸汽/二氧化碳灭火装置接口。

一般预处理车间、破碎系统布置在焚烧车间内，在配伍料坑旁边，整个区域为密封空间，通过连续抽风以保证操作空间有害物的及时排出，连续抽风作为焚烧系统的一、二次风送入焚烧炉焚烧。

8.3.2 危险废物的配伍原则

综合危险废物成分十分复杂，含有数种甚至数十种不同的化学物质，而且废物的成分及运入量也不是很稳定，应根据废物的状态、产生量和燃烧热值进行入炉的搭配，明确废物的高位热值和低位热值，设计合理的废物配伍方案，给出可以直接入炉的废物以及可以进行组合后入炉的废物，提出配伍和入炉的基本要求（主要依据项目配套实验室对来料取样分析的结果来确定具体配伍方案）。

项目配伍方案应按照以下原则进行：

① 对危险废物进行性质检测，确定热值、挥发分、卤素、重金属含量；同时明确其可燃性、黏度（液体）、化学反应性等。

② 对危险废物进行相容性分析，包括理论分析与试验分析；根据前述原则进行热值、挥发分、卤素、碱金属等配合计算，保证热值稳定、控制入炉危险废物的氯含量低于 HJ/T 176—2005《危险废物集中焚烧处置工程建设技术规范》的要求。

③ 根据计算结果确定不同废物的配伍量，混合均匀。

④ 搭配过程中严禁不相容废物进入反应炉，避免不相容废物混合后产生不良后果（废物的相容性由分析实验室确定），应遵循表 8-2。

表 8-2　不同废物在处置时的相互影响关系

废物类型	卤代烃废物	含硫废物	亚硝酸盐废物	含碘-溴废物	含氯废物
卤代烃废物		√	×	—	×
含硫废物	—		—	—	—
含氰化物废物	×	—	—	×	—
亚硝酸盐废物	×	—	—	×	—
含碘-溴废物	—	√	×		×

注："√"表示在一起处置效果更好，"—"表示可以一起处置，"×"表示不能一起处置。

8.4　实习企业危险废物贮存设施

8.4.1　危险废物贮存设施

该企业建有 16 个废液贮存罐，单个容量为 55m³，总容量为 880m³，折合约 1000t。预处理场占地面积 2300m²，雨篷面积 1300m²，围堰高度 1.5m，贮存能力测算约 1950m³，物料按 1∶1 的比例（不存在压实）计算，贮存能力为 1950t。暂存库（一期）贮存能力为 288t。现有出库能力为固态 2238t、液态 1000t，合计 3238t。相关贮存设施见图 8-4、图 8-5。

图 8-4　危废暂存库

图 8-5　预处理场和资源化罐区

8.4.2　废物处理总体方案及废物去向

进入该企业的废物主要分为三大部分（图 8-6）：

① 有资源回收价值的废物通过合理利用进行资源回收；

② 没有回收价值的废物经各种无害化处理（如物化处理、焚烧）后，采取稳定化/固化处理后送安全填埋场填埋；

③ 性质未经确认或暂时不能处理处置或积累到一定量后再进行处理的废物，暂时存放于废物暂存库。

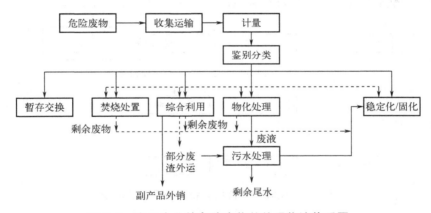

图 8-6　实习企业的危险废物总处理物流体系图

进入该企业的废物经鉴别后，有回收价值的危险废物进行回收利用，适宜物化处理的废物送至物化处理车间进行无害化处理，暂时不能处理或需积累到一定量后才处理的废物暂时存储于废物暂存库，适宜焚烧处置的送至焚烧车间处理，含重金属污泥、焚烧飞灰等送稳定化/固化车间处理，固化体经检验达到安全填埋场入场标准后送安全填埋场填埋处置。企业内部各处理车间产生的废渣送焚烧车间或稳定化/固化车间处理，生产废水、生活污水收集后送污水处理站处理后回用，产生的污泥送稳定化/固化车间处理后送安全填埋场填埋。除综合利用产生的副产品外销和部分废渣外运外，废物均得到安全处理和处置。

8.5　实习企业危险废物焚烧工艺与设施

　　焚烧系统可以处理以固态、半固态、液态为主的危险废物，主要是热值和毒性较大的废有机树脂废物、精（蒸）馏残渣、燃料、涂料废物、废药品、农药废物、木材防腐剂等。进入焚烧车间的废物的理化性质大致为：低位热值 1200～41000kJ/kg；固体废物水分 25%～45%；膏状废物水分 70%～85%；固体废物灰分 5%～25%；挥发分 3%～40%。为保障焚烧炉稳定运行，降低残渣的热灼减率，废物入炉前均需要根据其成分、热值等参数进行搭配，使其符合入炉成分要求，搭配时要注意废物间的相容性，以避免不相容的废物混合后产生不良后果。同时，在需焚烧处理的废物中，大部分为各行业产生的污泥，含水率较高（按 80% 计），设计在焚烧之前增设一段污泥脱水，以节省能源，减少焚烧废物量。

8.5.1　脱水预处理工艺

　　含水率高于 80% 的污泥通过污泥输送机送至干燥机内，焚烧炉余热锅炉产生的饱和蒸汽（0.6MPa）通入干燥机内与污泥进行热交换，蒸汽形成的冷凝水经泵送至焚烧车间的软化水罐进行回用（由于实习企业接收的物料含水率不高，故未回用冷凝水），干燥过程中产生的高温尾气通入回转窑内进行焚烧，凝结水送至物化废水车间进行处理，干化后的污泥经螺旋输送机送至方斗，然后送至焚烧车间进行焚烧，工艺流程示意图见图 8-7。

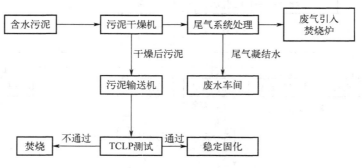

图 8-7　焚烧系统含水废物预处理工艺流程

8.5.2　进料工艺

　　焚烧废物的形态各异，根据焚烧炉进料粒度的要求，固体废物进料不宜超过 350mm×350mm×350mm，最佳粒度不超过 100mm×100mm×200mm，这样有利于焚烧和混合，同时可避免大量的破碎工作。预处理区设置了 4 个 107m³ 的废物暂存坑，分别为固态废物暂存坑、半固态废物暂存坑、污泥暂存坑和混料坑。

　　（1）固态废物进料

　　废物的混配主要采用 1m³ 的抓斗，从固态废物暂存坑中抓取物料进入混料坑，进入混料坑中的废物则用抓斗进行充分混合，并同时将混合好的废物抓入焚烧炉前的料仓内。整个预处理间为密闭负压状态，空气被焚烧炉鼓风机引入炉内焚烧处理，确保有害气体不外溢。坑内废物量的充满系数为0.8，可充分保证混合均匀，同时废物可满足焚烧炉5天的用量。设计选用1台行车，跨距16.5m，由控制室控制。

为实现危险废物连续、均匀地进料。设计采用抓斗将废物先送至板式给料机，然后经板式给料机连续给料至料斗。

（2）桶装半固态废物进料

有一些废物的黏结性很强，尤其是桶装半固态废物，不可能与包装桶分开，又无法破碎；有些废物挥发性大，不宜拆卸包装，因此连包装桶一起焚烧是必要的。桶装进料装置布置在炉前，通过垂直提升机将桶装废物自动送入料斗内。桶装废物焚烧时间长，进料时间间隔一般为1~2桶/h。

（3）膏状废物进料

膏状废物又称半固体废物，不成形、水分高，其中一些废物具有黏稠性。典型的膏状废物有含酚的焦油渣、皮革处理油脂、含油污泥、废树脂等。它们的共性是黏性强。设计一般采用柱塞方式进料，但从运行调查分析，柱塞泵间断运行，极易堵塞。因而采取跟不逾期反应的粉料进行配伍，混合均匀后，再用抓斗进料。

（4）液态废物进料

液态废物根据热值的不同经过滤后分别喷入回转窑和二燃室焚烧。

8.5.3 焚烧工艺

焚烧系统由回转窑和二燃室组成，各类危险废物经预处理和配制后通过不同的进料途径进入焚烧炉内，在回转窑连续旋转下，废物在窑内不停翻动、加热、干燥、汽化和燃烧，回转窑的燃烧温度约为850~950℃，残渣自窑尾落入渣斗，由水封出渣机连续排出。燃烧产生的烟气从窑尾进入二次燃烧室再次高温燃烧，燃烧温度达1100℃，烟气在二燃室的停留时间大于2s，确保进入焚烧系统的危险废物充分彻底地燃烧完全。经二燃室充分燃烧的高温烟气送入余热锅炉回收热量（图8-8至图8-12）。

考虑到危险废物的复杂性和成分多变性及其热值的不均衡性，为确保焚烧系统的安全稳定运行，设计在回转窑头和二次燃烧室布置了辅助燃烧器，辅助燃烧器采用自配风柴油燃烧器。燃烧器具有火焰监测和保护功能，现场PLC控制能与DCS通信，实现控制室的远程自动控制，当炉膛温度低于设定值时，燃烧器自动开启，当炉膛温度高于设定值时燃烧器自动关闭。燃烧器的喷油量和助燃风量由燃烧器配带的比例阀自动控制和调节。事实上炉膛温度的调节首先是由计算机先对鼓风量和进料量进行调节，在鼓风量和进料量超出设计范围时才由燃烧器来进行辅助调节。二燃室的烟气温度由二次风调节。

由于回转窑本体与进料装置的非刚性连接，在回转窑窑头进料口处固体粉状物料会有少量的泄漏，设计在窑头设置了集料斗，集料斗收集的废物返回废物贮仓。窑头进料溜槽温度高，采用水冷方式冷却。考虑到回转窑进料比较复杂，容易在进料口处回火，设计在回转窑窑头设置活塞式推料进料的系统，进料口始终有料封堵，不存在回火的情况。

回转窑内采用耐高温、耐腐蚀、耐磨的铬钢玉砖。在铬钢玉砖与简体之间采用高铝轻质隔热砖，二燃室炉窑由高铝砖以及保温材料组成。整个焚烧系统始终处于负压状态，以防止烟气外漏。

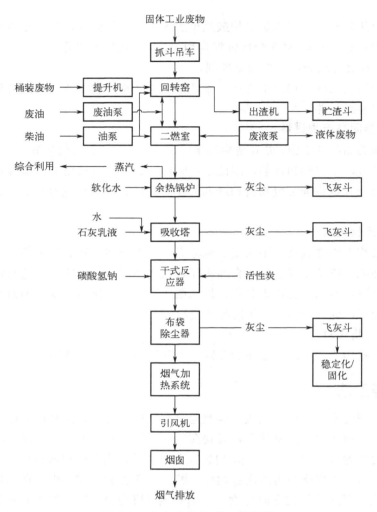

图 8-8　危险废物焚烧工艺流程

图 8-9　回转窑窑体

　环境工程专业实习指导书

图 8-10 二燃室

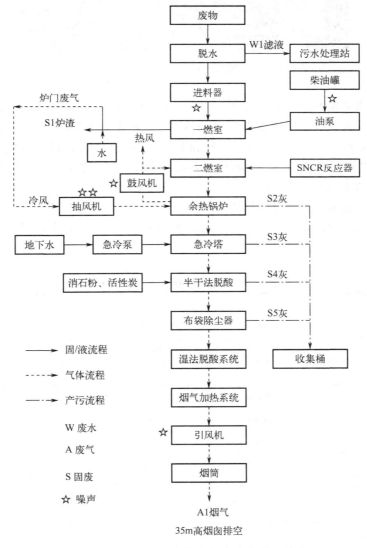

图 8-11 焚烧过程中的废物产生和处理流程

图 8-12　余热锅炉

　　焚烧车间焚烧炉供油由地下油罐供给。燃烧系统前部采用柴油点火，春夏季采用 0 号轻质柴油，冬季使用 35 号柴油。焚烧炉的耗油量主要取决于焚烧炉的启动次数、废物成分、热值和水分。焚烧炉冷启动时的耗油量为 150kg/h。当废物热值低于 1170kJ/kg，而含水率高于 50% 时，为保证焚烧炉稳定运行，一燃室需加入燃油助燃。二燃室正常维持 1100℃ 以上的温度，需助燃油量约 120kg/h（表 8-3）。

　　为保障系统应急事故发生时系统的安全，在二次燃烧室顶部设置了紧急排放阀。当烟气处理系统的引风机出现故障、二燃室压力超过 500Pa 时，二燃室顶部的紧急排放门将自动打开卸压。

表 8-3　焚烧系统的主要工艺条件

项目	数值	项目	数值
回转窑温度	850～950 ℃	窑内容积热负荷	9.5×10^4 kcal/（$m^3 \cdot h$）
二次燃烧室尺寸	D_i=2.1m，H=9.5m	废物入炉平均热值	15540.14kJ/K
二燃室温度	1100～1150℃	出渣量	65.7kg/h
回转窑转速	0.2～2r/min	二燃室 1100℃停留时间	>2s
废物停留时间	30～90min	二燃室出口烟气量	8000m^3/h
烟气阻力	300 Pa	烟气含尘	5608mg/m^3
炉膛负压	−200～300Pa	辅助燃油量	50～180kg/h
燃烧效率	>99.9%	焚毁去除率	>99.99%
焚烧残渣热灼减率	<5%	回转窑处理废物量	720kg/h

注：1kcal=4.184kJ。

二燃室出口处的烟气温度为 1100℃左右，为了满足后阶段烟气处理对温度的要求，提高重金属在灰尘颗粒上的凝结性，利用锅炉降温，既使烟气温度降低又能充分利用焚烧产生的热能。锅炉采用自然循环，由另外设置的软化、除氧水设备、给水泵等提供符合锅炉要求的除氧软化水。由热烟气加热产生的过热蒸汽，部分供场内使用，其他大部分则经空冷器冷却后循环使用。经过余热锅炉换热后（设计参数见表 8-4），烟气温度由 1100～1150℃降至 500～550℃，进入急冷塔。

表 8-4　余热锅炉的主要设计参数

参数名称	设计值	参数名称	设计值
烟气进口温度	1100～1150 ℃	换热面积	300m^2
烟气出口温度	500～550 ℃	锅炉阻力	800 Pa
产蒸汽量	2.49t/h	出口烟气量	8000m^3/h
饱和水蒸气	1.0 MPa	出灰量	5.4kg/h
进口含尘浓度	5608mg/m^3	出口含尘浓度	4139mg/m^3

8.5.4　烟气净化系统

焚烧产生的烟气含有颗粒状污染物、酸性污染物（包括 HCl、SO_x、NO_x 等）、重金属（汞、镉化合物等）及有害气体（二噁英、呋喃等）。烟气净化采用选择性非催化还原（SNCR）反应器+急冷半干法石灰水除酸塔+小苏打干式反应器+活性炭吸附+袋式除尘器+湿法脱酸系统+烟气加热系统的净化系统（图 8-13 至图 8-15）。

图 8-13　半干式吸收塔

图 8-14　布袋除尘器

图 8-15　小苏打干式脱硫系统

经半干法除酸处理后的烟气进入布袋除尘器以除去粉尘，在进布袋除尘器的烟气管路中喷入高纯度、细粒度石灰粉和活性炭粉，使烟气中的酸性气体与$Ca(OH)_2$进一步中和，活性炭可吸附烟气中的重金属、飞灰[多氯二苯并对二噁英和多氯二苯并呋喃（PCDD/PCDF）]等有毒有害成分。固态的反应物及活性炭粉随烟气进入布袋除尘器，在布袋表面与烟气继续充分接触，烟气中的有害成分经二次反应进一步去除。烟气最后由引风机经烟囱排入大气，为监视烟气污染物排放情况，在烟囱上设置烟气在线监测设施（表 8-5 至表 8-7，图 8-16）。

活性炭主要是用来提高二噁英和汞等重金属的去除效率，应优先选用椰壳活性炭或者经过处理的活性炭。活性炭装置要根据在线监测结果和手动监测结果的反馈及时调整反应剂量、浓度、接触时间和注射速度等，加强对二噁英和汞等重金属的污染控制，具体反应剂量由二噁英的含量和净化要求决定。活性炭喷射系统要有适当备用。

应建立活性炭喷入系统与运行控制的联动自锁装置，系统内设低压和高压输送空气报警系统，当空气中压力损失不正常或管道阻塞时自动报警。设置活性炭喷入系统管道固体流探测器，系统内无活性炭时自动报警。应定期对活性炭喷射体积计量器（螺旋）等进行校准、维护。

表 8-5　急冷半干法除酸塔设计参数

参数	设计值	参数	设计值
尺寸	D_1=3.0m，H=9.0m	出口烟气量	10040m³/h
烟气进口温度	500～550 ℃	出灰量	3.0kg/h
烟气出口温度	180～190 ℃	石灰浆耗量	20.6kg/h
烟气阻力	1000 Pa	出口含尘浓度	5667mg/m³
停留时间	3.5s	活性炭耗量	0.5kg/h
钙硫比	1.3	脱硫效率	＞70%
脱氯效率	＞60%		

表 8-6　布袋除尘器设计参数

参数	设计值	参数	设计值
烟气进口温度	180～190 ℃	出口含尘浓度	57mg/m³
烟气出口温度	150～160 ℃	除尘效率	＞99%
烟气阻力	1500 Pa	出口烟气量	10850m³/h
进口含尘浓度	5667mg/m³	出灰量	60.9kg/h
设计选型	长袋低压脉冲除尘器	滤袋材质	可耐 200 ℃温度的 P84（聚酰亚胺）复合材料
过滤风速	0.8～1.6m/min		
出灰方式	螺旋输送出灰	净过滤面积	380m²

表 8-7　烟气处理系统进出口烟气参数

项目名称	二燃室出口	烟囱出口	GB 18484—2020 限值
烟气量/（m³/h）	8000	11350	—
烟气温度/℃	1100～1150	120～160	—
含尘浓度/（mg/m³）	5000～9000	40	20
HCl 含量/（mg/m³）	415～720	30～56	50
SO_2 含量/（mg/m³）	1500～2260	150～250	80
HF 含量/（mg/m³）	25～58	3.0～6.0	2.0
氮氧化物含量/（mg/m³）	20～50	≤120	250
CO 含量/（mg/m³）	—	10～40	80
烟气黑度	—	林格曼 1 级	—
二噁英/（ngTEQ/m³）	—	0.1～0.5	0.5
汞及其化合物（Hg 计）/（mg/m³）	—	≤0.1	0.05
镉及其化合物含量（Cd 计）/（mg/m³）	—	≤0.1	0.05
砷、镍及其化合物/（mg/m³）	—	≤1	砷 0.5，镍 2.0
铅及其化合物（Pb 计）/（mg/m³）	—	≤1	0.5
锡、锑、铜、锰、钴及其化合物/（mg/m³）	—	≤4	2.0

注：原项目建设标准限值参照 GB 18484—2001，已被 GB 18484—2020 替代。

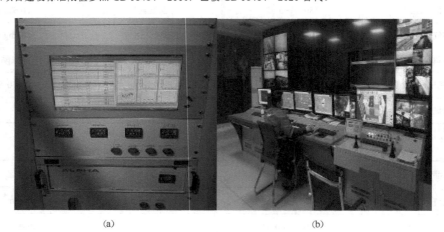

(a)　　　　　　　　　　　　　　　　(b)

图 8-16　烟气在线监测系统（a）和中控室（b）

8.5.5　灰渣处理系统

　　灰渣处理系统包括两部分，第一部分为焚烧炉及二燃室的炉渣处理系统，第二部分为急冷半干法除酸塔、袋式除尘器等的飞灰处理系统。焚烧炉及二燃室产生的炉渣由窑体尾部排出（见图 8-17）。为防止产生扬尘，采用水封结构，排出的炉渣经水封水快速冷却后可以被水碎，不会出现大块排渣，出渣机采用链板式输渣，可以避免变形的铁筒和大块渣卡死出渣机。

炉渣送至安全填埋场进行填埋处理。

　　余热锅炉、急冷半干法脱酸塔、布袋除尘器排出的飞灰成分复杂且含有毒性成分、重金属等，须按危险废物与炉渣分别处理。各设备收集下来的飞灰在各自的集灰斗内经螺旋出灰机或星形排灰阀排至专用的烟尘收集桶内，收集桶集满烟尘后密闭，用车送至稳定化/固化车间处理。

图 8-17　捞渣机

8.6　危险废物物化与固化工艺

8.6.1　稳定化/固化处理工艺

　　目前，用于危险废物稳定化/固化的处理技术按所用固化剂、稳定剂的不同，可分为水泥固化、石灰固化、沥青固化、塑性材料固化、熔融固化、自胶结固化和药剂稳定化等技术方法。下面分别简要介绍各稳定化/固化处理工艺。

8.6.1.1　水泥固化

　　水泥是一种无机胶结材料，经水化反应后可以生成坚硬的水泥固化体，因此是处理危险废物常用的稳定化/固化技术。处理含各种重金属（如 Cd、Cr、Cu、Pb、Ni、Zn 等）的电镀污泥时，该工艺是比较经济和常用的方法，设备技术也比较成熟，但固化增容率较高。

8.6.1.2　石灰固化

　　石灰固化法以石灰为固化剂，以粉煤灰或水泥密灰为填料，在适当的催化环境下进行波索来反应，专用于固化含有硫酸盐或亚硫酸盐类废渣的一种固化方法。石灰固化法的优点是所使用的材料来源广泛、价廉易得，操作简单，处理费用低，被固化的对象不需要脱水干燥，可在常温下操作。其缺点主要是石灰固化体的强度不如水泥的固化强度、增容比较大，易受酸性介质浸蚀，需对其表面进行涂覆，因而较少单独使用。

8.6.1.3 沥青固化

沥青固化是以沥青为固化剂与有害废物混合在一起，通过加热、蒸发产生皂化反应，将有害废物包容，形成具有一定强度和稳定性的固化体。沥青固化的优点在于固化产物空隙小、致密度高，具有良好的防水性、黏结性、耐腐蚀性和化学稳定性；缺点是需在高温下操作，操作安全性相对较差，且沥青的导热性不好，若废物中含水率较大，蒸发时会有起泡或雾沫夹带现象，易排出废气发生二次污染。

8.6.1.4 塑性材料固化

塑性材料固化也称为热塑固化，是以塑料为固化剂与有害废物混合在一起，加入适量的催化剂和填料（骨料），使其共聚合固化而将有害废物包容在塑料中形成稳定的固化体。塑料固化一般用于处理毒性危害大的化学废物，如砷化物、氰化物。该技术的优点是可在常温下操作，固化体的密度和增容率较小；缺点是混合过程会产生有害烟雾，且固化体耐老化性能较差，一旦破裂浸出会污染环境。

8.6.1.5 玻璃固化

玻璃固化法是熔融固化中的一种工艺。玻璃固化是以玻璃原料为固化剂，与有害物质以一定的配料比混合后，经高温（900～1200℃）熔融退火后转化为稳定的玻璃固化体。玻璃固化相对长期稳定，有害物不易返溶，占地面积小，近年来受到极大关注。该方法主要用于处理处置剧毒和放射性废物。玻璃固化的优点是固化体结构致密，在酸、碱性水溶液中的沥滤率很低，减容系数大；其缺点在于工艺复杂，处理费用昂贵，对设备材质要求高，由于高温操作，会产生多种有害气体，能耗较高。

8.6.1.6 药剂稳定化

药剂稳定化技术主要适用于含重金属的污泥、残渣，运行成本高于水泥、石灰固化，但其处理后的废物长期稳定性好、增容比低，使填埋场的综合使用成本降低。此外，药剂稳定法的应用还包括：采用有机硫稳定剂或有机高分子螯合剂处理毒性较大的危险废弃物，例如含三价砷废物、含氰废物、含汞废物、焚烧余灰等；采用氧化还原技术把毒性较大的六价铬（Cr^{6+}）还原为三价铬（Cr^{3+}）降低毒性。

8.6.2 稳定化/固化处理工艺对比

根据填埋场处置废物种类及预处理程度要求，可以选择的稳定化/固化方法主要是水泥固化、石灰固化、沥青固化和药剂稳定化，塑性材料固化、熔融固化和自胶结固化处理成本相对较高，主要用于高危废物的处理。对水泥固化、石灰固化、沥青固化及药剂稳定化技术进行综合比较，具体结果列于表8-8。

由表8-8可知，水泥固化和石灰固化技术较为成熟，在处理操作上无需特殊设备和专业技术，成本比较低。其中，石灰固化技术可利用工业废料粉煤灰，成本比水泥稳定化固化更低，但其处理后的废物增容率大，长期稳定性不够好。药剂稳定化技术在某些情况下增容比甚至小于1，可降低填埋场的综合使用成本。沥青固化的操作安全性相对较差，设备的投资费用与运行费用也比水泥固化和石灰固化工艺高。

采用药剂稳定化工艺，虽然投资增大，运行费用也会提高，但重金属类废物经药剂稳定化处理后形成稀薄期稳定化产物，可减少对环境的长期影响。采用该工艺可以降低废物处理的增容率，尤其对于填埋场选址非常困难的地方，节约库容十分重要，药剂稳定化技术更为适合。根据稳定化/固化的危废种类和特性，选用适当的药剂提高稳定化/固化效果，不但可以弥补水泥稳定化/固化的不足，而且还可以降低增容率。

表 8-8　稳定化/固化技术综合比选表

项目	水泥固化工艺	石灰固化工艺	沥青固化工艺	药剂稳定化工艺
固化剂/药剂价格	普通水泥价格低廉，单价为 350～400 元/吨；处理 100 吨重金属类废物的材料费用约 1.0 万～2.5 万元	石灰价格低廉，单价为 200 元/吨；处理 100 吨重金属类废物的材料费用约 0.5 万～2.0 万元	沥青价格中等，单价为 400 元/吨左右；处理 100 吨重金属类废物的材料费用约 1.8 万～2.2 万元	药剂价格较高，平均单价为 5000～10000 元/吨；处理 100 吨重金属含量高的废物的材料费用为 2.5 万～5.5 万元
固化剂/药剂消耗量	处理 100 吨重金属类废物用水泥 20～50 吨	处理 100 吨重金属类废物用石灰 20～60 吨	处理 100 吨重金属类废物用沥青 50 吨左右	处理 100 吨重金属类废物用药剂 2～10 吨（与药剂种类有关）
增容率	处理后废物增容率达 30%～50%，增容率高	处理后废物增容率达 30%～50%，增容率高	处理后废物增容率达 30%～50%，增容率高	处理后废物增容率达 0%～10%，增容率低
稳定化/固化效果	对某些废物稳定化效果较好，但存在长期稳定性问题	对大多数废物稳定化效果不太好	固化效果较好	对不同种类废物的稳定化效果都较好
机械设备费	低	低	高	一般
操作管理/安全性	操作管理简单，安全性好	操作管理简单，安全性好	需高温操作，管理较复杂，安全性差	操作管理一般
投资	低	低	较高	一般
运行费用	较少	较少	较高	一般

8.6.3　稳定化/固化处理工艺流程

示例危险废物稳定化/固化工艺采用以水泥固化为主、药剂稳定化为辅的综合处理方法。具体工艺如下（见图 8-18）：

① 将需固化的废料及其他辅助用料采样送入化验室进行试验分析，在化验室进行配比实验，检测固化体的抗压强度、凝结时间、重金属浸出浓度以及最佳配比等参数提供给固化车间，包括稳定剂品种、配方、消耗指标及工艺操作控制参数等。

② 需固化物料通过收运车辆运送到固化车间废物储料槽，称量后送入固化机拌合料槽内。

③ 粉状物料如飞灰、水泥和粉煤灰或石灰采用收运系统罐车自带的真空泵送至储仓，储仓顶部设有除尘设施，水泥和飞灰储存周期均为 3 天。药剂在储槽通过搅拌装置配制成液

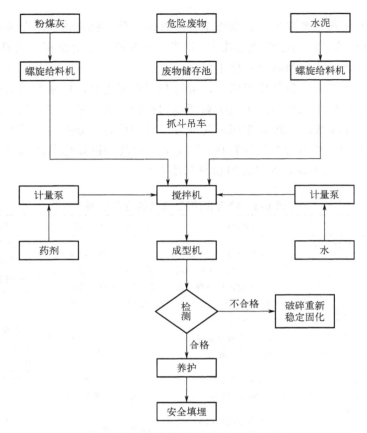

图 8-18　稳定化/固化处理工艺流程

态形式储存，储存周期为 2 天。

④　根据试验所得的配比数据，通过控制系统和计量系统，水泥、药剂和水等物料按照一定的比例，连同废物物料在混合搅拌槽内进行搅拌。水泥、粉煤灰和飞灰在储仓内密闭贮存，在罐下设闸门，由螺旋输送机输送，称量后进入固化搅拌机拌合料槽内。固化用水采用污水处理单元处理后的中水，通过输水泵计量由管道送至固化搅拌机拌合料槽内。药剂通过泵计量送入到搅拌机料槽内。搅拌时间以试验分析所得时间为准，通常为 6～8min，搅拌顺序为先干搅，再加水湿搅。对于采用药剂稳定化处理含重金属的物料，先搅拌废物物料，搅拌均匀后再与水泥一起进行干搅，最后加水进行混合搅拌；这样可避免水泥中的 Ca^{2+}、Mg^{2+} 等离子争夺药剂中稳定化因子（S^{2-}），从而提高处理效果，降低运行成本。综合利用的残渣、含六价铬（Cr^{6+}）废物在物化处理车间中经过酸碱中和和氧化还原处理后再进行稳定化/固化处理。

⑤　物料混合搅拌以后，开启搅拌机底部闸门，卸入到自卸车，拉运至养护点，进行养护。

⑥　成型砌块养护时间为 6～7 天，在养护过程中，需要洒水养护，洒水频率为 1 次/4h。

⑦　养护凝固硬化后取样检测，检测合格后可直接进行填埋处理，不合格品返回预处理间经破碎后进行再处理。如在运行期间按照配比运行稳定且来料及水泥稳定，则可将养护好的固化体直接运入填埋场填埋；当来料或水泥有所变化时则要进行再次检验，检测合格后可直接运入填埋场进行填埋处理。

⑧　为了方便操作和运行管理，提高物料配比的准确度。单种类型废物物料应采用单一混

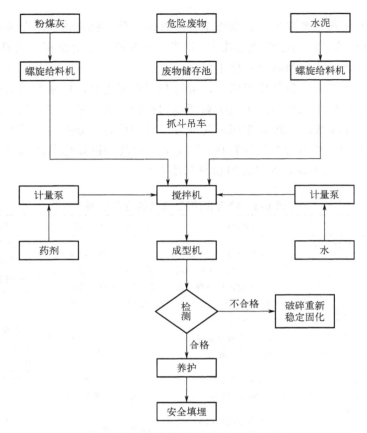

合搅拌，不同的时段搅拌不同的废物，不同类型废物料不宜同时段混合搅拌。此外，混合搅拌机应进行定时清洗，尤其是在不同物料搅拌间隙时段，更应注意清洗设备。

8.6.4 稳定化/固化主要参数的确定

稳定化/固化处理后的固化体能否满足浸出毒性要求的关键是所采用的固化剂、药剂种类和被处理的废物与固化剂、药剂和水之间的配比。固化剂和药剂的种类很多，但其配方多属商业秘密，并且随被处理的废物种类、成分（如：pH、水分、重金属含量、化合物形态等）的不同，其配方也不同。因此，所需的优化配比参数需要在实际运行中通过实验室工艺试验和实际操作摸索取得。根据国内同类型处置中心的实际运行经验，初步确定固化工艺的主要技术参数如下：

（1）常用固化剂及用量

本项目拟采用水泥作为固化剂。根据一些工业废物稳定化/固化运营经验，工业危险废物物料配伍为工业危险废物：药剂：水：固化剂=1：（0.01～0.1）：（0.1～0.3）：（0.1～0.3）。有些废物需要先进行药物稳定化再固化处理。固化剂根据物料不同，选用 325 号硅酸盐水泥、粉煤灰或石灰，辅以少量稳定化药剂。

（2）常用稳定化药剂及用量

在实际运行中，处理不同性质的废物，在混合搅拌装置内加入不同的配比物质，并由试验确定最佳搅拌时间，以达到最佳的预处理效果。药剂、水泥或水的具体投加量应根据试验结果来确定。对来源固定或零散的物料均通过工艺试验取得可靠物料配比和运行数据后，即可投入生产实践。危险废物的种类繁多、成分复杂、有害物含量变化幅度大，需要进行分析、试验来确定每一批废物的处理工艺和配方，根据配方确定药剂品种及用量。

① 针对含重金属类废物、焚烧车间飞灰、重金属废水深度处理系统物化单元污泥等以重金属污染为主的废物选用硫脲（H_2NCSNH_2）作稳定化药剂。重金属离子与硫离子有很强的亲和力，生成的金属硫化物溶解度很小，非常稳定。用硫脲作重金属稳定化药剂时，硫脲用量约为废物量的 0.76%。

② 针对无机氰化物采用硫酸亚铁（$FeSO_4$）作还原剂，以去除游离氰化物。

③ 针对其他的工业危险废物，药剂选用有机分子螯合剂聚乙烯亚胺，能生成稳定的交联网状的高分子整合物，能在更宽的 pH 值范围内保持稳定。

（3）固化强度检测

在固化操作运营过程中，依据危险废物种类、特性、数量等的不断变化，固化体的特性会出现波动。本项目将定期检测固化体的浸出性、物理稳定性、强度、废物反应性等，并随时进行试验，指导生产。

8.6.5 实习企业稳定化/固化处理情况

8.6.5.1 废物种类和处理规模

大多数的表面处理废物及重金属污泥含有有毒物质而不能直接填埋，为了降低、减轻或消除这类危险废物带来的危害，以达到安全填埋场入场控制标准，在填埋之前必须对其进行预处理，稳定化/固化就是对这类危险废物进行预处理的有效工艺。本项目采取稳定化/固化处理的主要危险废物种类包括：

① 表面处理废物；

② 重金属污泥；

③ 物化车间产生的滤饼；

④ 废水处理车间产生的滤饼；

⑤ 焚烧处理车间产生的焚烧灰渣。

危险废物处置能力为 11000t/a，处理废物水泥配比为水泥：废物=0.25：1（质量比）处理后进入填埋场填埋处置的废物总量为 13750t/a；废物的松散密度为 1.3。

8.6.5.2　工艺流程

稳定化/固化采用分种类、批量处理方法（见图 8-19 和图 8-20），工艺流程如下：

① 根据废物处理计划，事先从废物储存料箱或飞灰储罐抽取将要处理的危险废物试样，根据其化学成分、有害废物性质进行实验室的稳定化/固化试验和浸出试验，以确定固化剂、稳定剂、水的配比，指导后续的稳定化/固化处理工作。

② 废物、污泥和残渣存放在稳定化/固化车间混料区内，用抓斗吊车向搅拌机内上料。抓斗吊车附有称量设备，自动计量废物质量并将其计量信息输送至控制室。从处置中心焚烧车间产生的飞灰用盛灰罐运至飞灰贮罐，经计量后由螺旋给料机送至搅拌机，计量信息输送至控制室。

③ 集中控制室采用 PLC 控制根据输入搅拌机的废物种类、质量和实验室稳定化/固化试验初步确定的固化剂、稳定剂配比，分别向水泥、粉煤灰螺旋输送机和输送水泵、稳定剂溶液计量泵发送计量指令，向搅拌机加入固化剂和稳定剂。水泥和粉煤灰用运输车上自带的设备送入储罐，经计量后由螺旋给料机送至搅拌机，计量信息输送至控制室；已配制好的稳定剂用计量泵输送至搅拌机，固体稳定剂经称量后直接加入搅拌机。作业顺序为先加稳定剂，后加固化剂。考虑到稳定剂种类的变化性，配备 1 个备用的稳定剂制备槽和 2 台输送泵。

④ 将进入搅拌机的废物、固化剂、稳定剂和水充分搅拌混合。

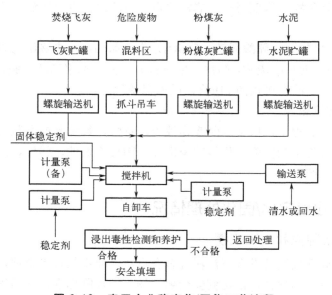

图 8-19　实习企业稳定化/固化工艺流程

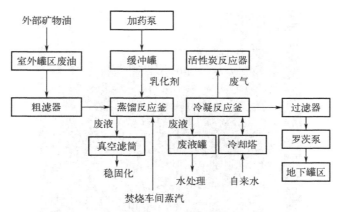

图 8-20 实习企业资源化工艺流程

⑤ 搅拌均匀后的混合体经搅拌机下部卸料斗直接卸入固化体运输车，运至安全填埋场填埋。

⑥ 固化体在填埋区养护约 5 天后，抗压强度能达到 $5kg/cm^2$，养护约 10 天后抗压强度能达到 $10kg/cm^2$，此时填埋机械可在固化体上进行填埋作业。

相关设备见图 8-21 至图 8-29。

(a)   (b)

图 8-21 污水收集池（a）和调节池（b）

图 8-22 中和反应槽

图 8-23　板块压滤机

图 8-24　尾气吸收塔

图 8-25　固化机

图 8-26　固化车间布袋除尘器

图 8-27　资源化反应釜

图 8-28　冷凝塔

图 8-29　活性炭吸附器

8.7　危险废物安全填埋

根据 GB 18598—2019《危险废物填埋污染控制标准》，危险废物填埋场是指危险废物的一种陆地处置设施，由若干个处置单元和构筑物组成，主要包括接收与贮存设施、分析与鉴别系统、预处理设施、填埋处置设施（其中包括：防渗系统、渗滤液收集和导排系统）、封场覆盖系统、渗滤液和废水处理系统、环境监测系统、应急设施及其他公用工程和配套设施。

8.7.1　填埋场分类及选址入场要求

填埋场主要分为柔性填埋场和刚性填埋场，柔性填埋场是指采用双人工复合衬层作为防渗层的填埋处置设施，刚性填埋场指采用钢筋混凝土作为防渗阻隔结构的填埋处置设施。

8.7.1.1　选址要求

填埋场选址除符合环境保护法律法规及相关法定规划外，其位置及周围人群的距离应根据环境影响评价结论确定。不得在生态保护红线区域、永久基本农田和其他需要特别保护的区域内，以及其他可能危及填埋场安全的区域。标高应位于重现期不小于 100 年一遇的洪水位之上。

此外，还要求填埋场防渗结构底部与地下水有记录以来的最高水位保持 3m 以上的距离，天然基层的饱和渗透系数不应大于 1×10^{-5}cm/s，且其厚度不应小于 2m，刚性填埋场除外；若不能达到，必须按刚性填埋场要求建设。

8.7.1.2　入场要求

根据相关标准，除医疗废物、与衬层具有不相容性反应的废物和液态废物外（本身或经预处理后不具反应性、易燃性的废物，可进入刚性填埋场），满足下列条件或经预处理满足下列条件的废物，均可进入填埋场：

① 根据 HJ/T 299—2007《固体废物　浸出毒性浸出方法　硫酸硝酸法》制备的浸出液中有害成分浓度不超过 GB 18598—2019 的表 1 中允许填埋控制限值的废物；

② 根据 GB/T 15555.12—1995《固体废物　腐蚀性测定　玻璃电极法》测得浸出液 pH 值在 7.0～12.0 之间的废物；

③ 含水率低于 60% 的废物；

④ 水溶性盐总量小于 10% 的废物，测定方法按照 NY/T 1121.16—2006《土壤检测　第 16 部分：土壤水溶性盐总量的测定》执行，待国家发布固体废物中水溶性盐总量的测定方法后执行新的监测方法标准；

⑤ 有机质含量小于 5% 的废物，测定方法按照 HJ 761—2015《固体废物　有机质的测定　灼烧减量法》执行；

⑥ 不再具有反应性、易燃性的废物。

砷含量大于 5% 的废物，应进入刚性填埋场处置，危险废物允许填埋的控制限值应符合 GB 18598—2019 的要求。

8.7.2　柔性填埋场和刚性填埋场的对比

国内填埋场目前以柔性填埋场居多，主要涉及投资成本问题，但柔性填埋场存在高密度聚乙烯（HPDE）膜被穿刺渗滤液溢出带来环境风险问题，并且随着相关标准的提高以及符合相关规定的天然基底减少，柔性填埋场地越来越少，相关对比见表 8-9。

表 8-9　刚性填埋场和柔性填埋场对比

对比项目	刚性填埋场	柔性填埋场
概念	采用钢筋混凝土作为防渗阻隔结构的填埋处置设施，主要包括接收与贮存设施、分析与鉴别系统、预处理设施、填埋处置设施（其中包括：防渗系统、渗滤液收集和导排系统、填埋气体控制设施）、封场覆盖系统、渗滤液和废水处理系统、环境监测系统、应急设施及其他公用工程和配套设施	采用双人工衬层作为防渗层的危险废物陆地填埋处置设施，主要包括接收与贮存设施、分析与鉴别系统、预处理设施、填埋处置设施（其中包括：防渗系统、渗滤液收集和导排系统、填埋气体控制设施）、封场覆盖系统、渗滤液和废水处理系统、环境监测系统、应急设施及其他公用工程和配套设施
选址要求	当填埋场选址无法满足以下条件时，不得建设危险废物柔性填埋场，危险废物填埋场必须选择刚性结构： ① 防渗结构底部与地下水有记录以来的最高水位不足 3m 以上的距离； ② 场址包含高压缩性淤泥、泥炭及软土区域； ③ 场址天然基础层的饱和渗透系数大于 $1.0×10^{-5}$cm/s，且其厚度小于 2m	具体参照 GB 18598—2019《危险废物填埋污染控制标准》
危废入场要求	当入场废物无法满足以下条件时，不得建设危险废物柔性填埋场，危险废物填埋场必须选择刚性结构： ① 根据 HJ/T 299 制备的废物浸出液中一种或一种以上有害成分浓度超过 GB 18598—2019 表 1 中的允许进入填埋区控制限值的废物； ② 根据 GB/T 15555.12 测得的废物浸出液 pH 值小于 7.0 和大于 12.0 的废物； ③ 含水率高于 60 % 的废物；	具体参照 GB 18598—2019《危险废物填埋污染控制标准》

对比项目	刚性填埋场	柔性填埋场
危废入场要求	④ 本身具有反应性、易燃性的废物,填埋废物中水溶性物质含量不得大于 10%; ⑤ 填埋废物中灼烧减量不得大于 5%,测定方法依据 HJ 761; ⑥ 填埋废物总砷含量大于 5%时,应进入刚性填埋场处置	具体参照 GB 18598—2019《危险废物填埋污染控制标准》
总体设计	平面为多个面积不超过 50m² 的混凝土池体,竖向从上至下分别为雨棚、危险废物、防渗结构、刚性填埋单元底板渗滤液收集管及架空检修夹层	通常为原始场地清库、 除杂、开挖、回填和平整后,铺设双人工复合衬层作为防渗结构,待上部危险废物填至设计标高后进行封场
防渗要求	钢筋混凝土结构应内衬人工防渗衬层。刚性填埋结构的设计应符合 GB/T 50010—2010 的相关规定,防水等级应符合 GB 50108—2008 规定的一级防水标准	应采用双人工复合衬层作为防渗层
封场	封场结构应包括厚度为 1.5mm 以上的高密度聚乙烯防渗膜及抗渗混凝土	导气层:由砂砾组成,渗透系数应大于 0.01cm/s,厚度不小于 30cm。防渗层:厚度为 1.5mm 以上的糙面高密度聚乙烯防渗膜或线性低密度聚乙烯防渗膜。采用黏土时,厚度不小于 30cm,饱和渗透系数小于 1.0×10^{-7}cm/s。 排水层:透系数应不小于 0.1cm/s,边坡应采用土工复合排水网,排水层应与填埋库区四周的排水沟相连。 植被层:由营养植被层和覆盖支持土层组成。营养植被层厚度应大于 15cm。覆盖支持土层由压实土层构成,厚度应大于 45cm
安全性	① 安全性、稳定性高,不存在滑坡、坝体失稳等隐患。 ② 采用人工防渗衬层+抗渗混凝土的组合方式,防渗性能好。同时,底部设有检修夹层,如出现填埋单元渗滤液渗漏或池体裂缝可以及时修补完善	传统危险废物柔性填埋场防渗系统在日常操作及地面沉降中均容易被破坏,存在严重污染风险,在实际运行中普遍存在;在地质、气候条件恶劣的地区容易存在岩土、地质方面的灾害隐患
资源回收利用	利用多格填埋单元的设计理念,在废物入场时进行了分类填埋与一对一记录,以便后期快速识别各个单元的废物类型。刚性填埋场属于可回取危险废物填埋设施,如果内部危险废物可被回收利用资源化,可随时对内部废物进行回用	通常在实际运行中很难实现分类记录与回取
投资	较高	较低
优点	防渗性好,由于池壁厚实,可支撑钢结构的防雨棚,使废物渗滤液产生量较少,因而可减少废水处理设施的规模和废物渗滤液的处理费用	投资费用相对较低,适用于丘陵地区和地下水位低的地区

从未来发展趋势和资源的进一步有效利用角度看,尽管刚性填埋场的初次投资建设成本高,但刚性填埋场的优点表明,刚性填埋场是未来发展的主要趋势。

8.7.3　填埋主要流程

危险废物入场后,按照"危险废物转运五联单"的内容进行称重登记,临时堆存;查验废物内容物，取样化验；若化验结果（如含水率、酸碱度、溶解度等）符合填埋条件，则由装载机械运送入指定的填埋区域。危险废物入厂后经过取样检测浸出毒性，满足 GB 18598—2019《危险废物填埋污染控制标准》，即可进入填埋场安全填埋。若达不到安全填埋的标准则需制订稳固化处置方案或预处理后再取样检测达到安全填埋标准后填埋到指定的位置（图 8-30）。

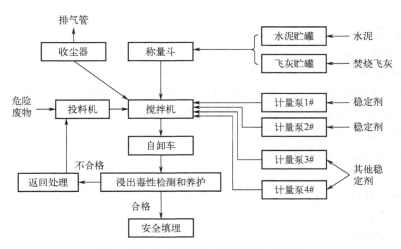

图 8-30　危险废物填埋场的工艺流程

8.7.4　实习企业填埋工艺

为节约投资，减少土方工程量，同时便于填埋操作，安全填埋场利用场底施工清理出的土方用于修建土质围堤，所建土质围堤作为库区的西南侧和东南侧围堤，形成了宽 172m、长 312m 的环场围堤，堤顶高程为 274m。围堤宽 10m，内侧为锚固平台，外侧为环场道路。锚固平台宽 3 米，用以保护坡体的稳定及防渗系统的锚固。

8.7.4.1　防渗层系统设计

主要选用黏土、防渗毯 GCL 与 HDPE 防渗膜构成复合防渗衬层（见图 8-31），其中场底防渗层结构由上向下依次为：

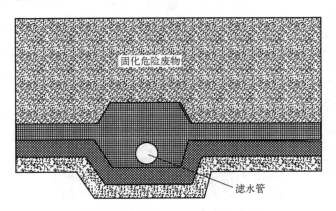

图 8-31　填埋场的防渗层示意图

① 土工滤网，200g/m²；

② 500mm 厚级配卵石渗沥液排水层；

③ 5.0mm 厚复合土工排水网；

④ 2.0mm 厚 HDPE 高密度土工膜；

⑤ 30mm 厚黏土衬层；

⑥ 5.0mm 复合土工排水网；

⑦ 2.0mm 厚 HDPE 高密度土工膜；

⑧ GCL，5000g/m²；

⑨ 600mm 厚黏土衬层，渗透系数不大于 10^{-7} cm/s。

考虑到边坡坡度较陡，边坡的防渗层与平缓的底部防渗层有所不同（见图 8-32 至图 8-34），相关材料见表 8-10 至表 8-12，边坡防渗层结构由上向下设置如下：

① 5.0mm 厚复合土工排水网；

② 2.0mm 厚 HDPE 高密度土工膜；

③ GCL；

④ 5.0mm 厚复合土工排水网；

⑤ 2.0mm 厚 HDPE 高密度土工膜；

⑥ GCL，5000g/m²。

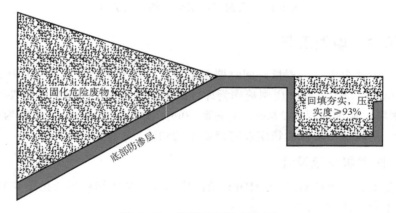

图 8-32　填埋场导流示意图

图 8-33　填埋场的防渗层和导流管

图 8-34　填埋场分隔坝防渗

表 8-10　HDPE 膜技术性能表

测试属性	测试方法	单位	光面指标	双糙面指标
厚度	GB/T 6672 或 CJ/T 234—2006 附录 A	mm	2.0	2.0
宽幅	GB/T 6673	m	≥6.5	≥6.5
密度	GB/T 1033.1—2008	g/cm³	≥0.94	≥0.94
炭黑含量	GB/T 13021—2023	%	2~3	2~3
熔体流动速率	ASTM D1238	g/10min	≤0.11	≤0.11
直角撕裂强度	QB/T 1130—1991	N	270	250
穿刺强度	GB/T 17643—2011	N	660	620
屈服拉伸强度	GB/T 1040.1—2018 GB/T 1040.2—2022	N/mm	32	29
断裂拉伸强度		kN/mm	58	35
屈服延展率		%	13	13
断裂延展率		%	750	550
尺寸稳定性	ASTM D1204	%	±0.2	±0.2
氧化诱导时间（标准）	ASTM D3895	min	≥100	≥100
尺寸稳定性	GB/T 12027—2004	%	±2	±2
水蒸气渗透系数	GB/T 1037—2021	g/（m·s·Pa）	≤1×10⁻¹³	≤1×10⁻¹³
耐环境应力开裂	CJ/T 234—2006	h	≥400	≥400
氧化诱导时间（OIT）	GB/T 17643—2011	min	常压≥100，高压≥400	常压≥100，高压≥400
−70℃低温冲击性能	GB/T 7141—2008		通过	通过
85℃烘箱老化（90d 后常压 OIT 保留率）	GB/T 7141—2008	%	≥55	≥55

表 8-11　600g/m² 针刺长丝土工布技术性能表

序号	指标名称	测试方法	单位	数值
1	单位面积质量		g/m²	600
2	单位面积质量偏差		%	−5
3	幅宽		m	≥4.5
4	幅宽偏差	GB/T 17639—2023	%	0.4
5	厚度	DIN EN29073/2	mm	4.1
6	断裂强力（纵横向）	DIN EN29073/3	kN/m	≥33
7	断裂伸长率（纵横向）	DIN EN29073/3	%	40～80
8	撕裂强力（纵横向）	GB/T 17639—2023	N	820
9	CBR 顶破强力	GB/T 17639—2023	kN	≥7
10	等效孔径 O_{90}（O_{95}）	GB/T 17639—2023	mm	0.05～0.2
11	垂直渗透系数	GB/T 17639—2023	cm/s	0.001～0.1

表 8-12　200g/m² 机织土工布技术性能表

序号	指标名称	单位	数值	备注
1	单位面积质量	g/m²	200	
2	幅宽	m	≥4.5	
3	幅宽偏差	%	−1.0	
4	断裂强力（经纬向）	kN/m	≥50（径向 0，纬向为径向断裂强力的 0.7～1 倍）	经纬向
5	断裂伸长率	%	≤35（径向），≤30（径向）	经纬向
6	CBR 顶破强力	kN	≥4.0	
7	撕裂强力	kN	≥0.8	纵横向
8	等效孔径 O_{90}（O_{95}）	mm	0.07～0.5	
9	垂直渗透系数	cm/s	（10^{-5}～10^{-2}）K	K=1.0～9.9

8.7.4.2　渗滤液集排系统

为了使填埋场尽快稳定和降低渗沥液对土壤和地下水的污染风险，便于场内产生的渗沥液尽快导出填埋库区，填埋场底部设置了渗沥液收集导排系统。渗滤液收集系统分为初级收集系统、次级收集系统。

初级收集系统设置在填埋场区防渗层之上，可及时收集填埋区内的渗滤液，导出场外，减小场内渗滤液对地下水的污染风险。

次级收集系统位于防渗系统主防渗膜与次膜之间，用于检测和收集主防渗层渗漏的渗滤液。

渗滤液导排层与填埋废物之间应设置反滤层，防止导排层淤堵；渗滤液导排管出口应设置端头井等反冲洗装置，定期冲洗管道，维持管道通畅。

实习企业填埋场设置的渗滤液集排系统由疏水层加导水管组成，其中场底疏水层采用0.5m厚的碎石，平铺于整个填埋场场底，碎石粒径为3~5mm，碎石层上铺设土工无纺布作为反滤层，以防止填埋场的废物进入碎石层内而造成透水性下降。为方便施工，填埋场边坡上的疏水层由复合HDPE土工网格代替碎石层，复合HDPE土工网格由一层5.0mm厚的复合土工排水网在两层土工无纺布中间组成。根据GB 18598—2019《危险废物填埋污染控制标准》的要求，整个疏水层透水系数不小于0.1cm/s。为了提高渗滤液的收集效率，在场底中央铺设一根排水管，排水管总长190m，采用DN160mm的HDPE开孔管，排水管的水力坡度为2.5%。

填埋场的渗滤液通过疏水层进入导水管后，从导水管流入终端紧靠截污主坝内坡脚的填埋场底部小收集池中，截污主坝内坡面上斜靠两根大直径HDPE管（DN630mm用于渗滤液收集层，DN450mm用于渗滤液监测层），从收集池伸至截污主坝顶部，管内放置没顶式水泵，设自控装置，可及时将渗滤液排入截污主坝外侧的渗滤液贮存池。另外，为防止渗滤液沉积物堵塞管道，沿截污主坝内坡面还设置了一根DN160mmHDPE反冲洗管，与填埋场底部的渗滤液排水管连接，可在需要时清洗管道，保证管道畅通。

8.7.4.3 填埋场雨污分流系统

填埋场作业根据天气情况而定，在下雨的情况下，填埋场将停止作业，并且所有的填埋区域采用0.5mmHDPE膜进行每日覆盖。填埋场对覆盖的区域设置一定高度的水沟与排水坡度，能有效地把HDPE膜上的雨水汇集到收集池，对前15min雨水进行收集并抽至渗滤液池，之后的雨水直接泵入雨水收集池，这样就能有效地阻止雨水进入填埋堆体而变成渗滤液。另外，在填埋场作业区的四周设置永久性排水明沟，将未封场的未被污染的雨水和已封场表面的雨水引流至雨水收集池，这样就能有效地避免非作业区未受污染的雨水直接进入作业区而变成渗滤液。

影响填埋场渗滤液产生量的因素很多，主要来源于降雨渗入、废物自身含水等，一般可采用填埋场水文特性模拟分析软件-HELP模型进行计算。该模型综合考虑降雨量、蒸发量、径流量、日照、气温、风力、湿度等影响，结合具体的防渗层设计，以24h循环的方式来估计填埋场渗滤液的产生量。

8.7.4.4 地下水收集系统

由于在场区内测得的地下水位低于填埋场底部以及下部边坡的设计高程，且地下水位与填埋场底部的高程差满足国家标准要求，所以实习企业填埋场设计中未采用地下水收集系统，但设置了地下水导排管线。

8.7.4.5 填埋场监测系统

监测是填埋场的重要工作环节，GB 18598—2019 提出了具体详细的监测要求。实习企业项目建设较早，执行 GB 18598—2001 规定的监测要求。

填埋场监测主要是对地表水、地下水、渗滤液和大气进行监测，采用定期采样分析方式。地表水分别从收集池和处理区下游排水管取样，渗滤液从渗滤液收集系统取样，地下水分别从各监测井中取样。

8.7.4.6 危险废物填埋作业方式

实习企业填埋场接纳的废物绝大部分均经过稳定化/固化处理后的浆状固化体（含水率小于 60%），而该固化体是没有经过养护的，强度较低，根据同类型废物固化体填埋的实际经验，该固化体需在填埋场养护 3～4 天并在养护期洒少量水，养护后才可推平、碾压。因此填埋作业拟采用分层、以条带状分单元进行，每条单元带宽度约为 10m，每层厚 0.3m，填埋单元从主坝开始向内推进，平行于主坝轴线填完第一单元带后接着向北填埋下一单元带，填埋 3～4 天后的废物采用多用途转载式推土机将废物推平，然后用压实机往返压实 3～5 遍。为及时排出废物堆体上的雨水，废物堆体坡向四周，雨水通过周边的截洪沟排出填埋场。

8.7.4.7 填埋场废气导排系统

经稳定、固化等预处理后，几乎没有细菌分解的有机物，正常情况下不会产生气体，但由于危险废物组成成分的复杂性，有可能产生易挥发的气体，要求合理设置废气导排系统。

8.7.4.8 封场设计

实习企业项目从绿化至废物堆体采用的材料见图 8-35。

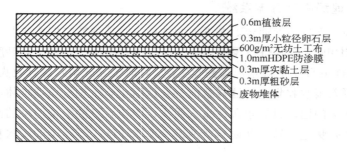

图 8-35 实习企业封场结构示意图

8.7.4.9 废水处理系统

各种生产废水汇入调节池调节水量水质，然后泵入还原槽，加入 HCl、$FeSO_4$ 溶液进行还原，pH 计控制 pH=3～4，通过氧化还原电位（ORP）控制氧化还原终点，还原后的废水进入沉降絮凝池，控制 pH=8～9，然后排入二次沉淀池沉淀，去除大部分重金属离子和少量有机物，出水进入中间调节池，废水沉淀后经机械过滤器和活性炭吸附器过滤，进一步去除污染物，过滤后的废水进入贮水池，该水达到 GB 8978—1996《污水综合排放标准》中的二级标准后全部回用。沉淀池产生的污泥、机械过滤器和活性炭吸附器的反冲洗水经污泥浓缩池浓缩后，上清液排入调节池，污泥经板框压滤机压滤后焚烧车间处理（图 8-36）。

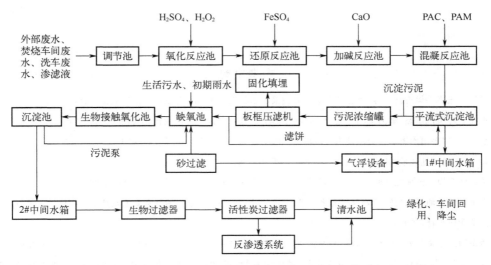

图 8-36 实习企业物化系统（废水处理）工艺流程

 实习讨论与考核

（1）对照危险废物定义和《国家危险废物名录（2025年版）》，我们学校可能产生哪些危险废物？贮存场所有何要求？该如何贮存和处置？

（2）请简述实习企业焚烧工艺流程。应如何控制二噁英的产生？废气如何处置？

（3）从安全和资源的角度看，哪些危险废物适合焚烧工艺？

（4）焚烧是如何实现危险废物无害化的？请简述机理。

（5）回转窑焚烧炉有何特点？

（6）危险废物稳定化/固化机理是什么？常用的固化剂有哪些？

（7）请简述柔性填埋场和刚性填埋场的区别。

（8）填埋场设计需要考虑哪些要求？

（9）结合实习企业学习情况，简述危险废物综合处置企业中主要的环保处置设备、设施。

（10）你认为实习企业还有哪些技术和工艺可以提升改进？

（11）一般工业固体废物填埋场、危险废物刚性填埋场、危险废物柔性填埋场有什么区别？简述各自的优缺点。

参考文献

[1] 滕卫卫，张锋，樊玉新，等.新疆油田稠油开发采出水处理技术[M].北京：石油工业出版社，2022.

[2] 王玉江，郑勇，寇杰.稠油集输与处理工艺技术[M].北京：中国石化出版社，2022.

[3] 荆少东.油田采出水资源化处理技术与矿场实践[M].北京：中国石化出版社，2023.

[4] 张志军.工业水处理技术[M].北京：中国石化出版社，2021.

[5] 李英，罗贤银，宋成立.油田开发基础与集输工艺技术[M].哈尔滨：哈尔滨出版社，2023.

[6] 《塔里木油田油气水集输及处理标准化工艺手册》编写组.塔里木油田油气水集输及处理标准化工艺手册[M].北京：石油工业出版社，2023.

[7] 《油田油气集输与处理技术手册》编委会.油田油气集输与处理技术手册：下册[M].北京：石油工业出版社，2023.

[8] 中国石油化工集团有限公司.石油化工设备维护检修规程一第九册：环保设备[M].北京：中国石化出版社，2021.

[9] 中国石化能源管理与环境保护部.石油石化环保技术进展：2019[M].北京：中国石化出版社，2019.

[10] 钱家盛.化工环保与安全技术[M].北京：化学工业出版社，2024.

[11] 屈撑囤，李金灵，朱世东，等.油气田含油污泥处理技术[M].北京：石油工业出版社，2017.

[12] 冯英明，魏利，李卓，等.油田含油污泥热解技术及其应用[M].北京：化学工业出版社，2022.

[13] 宋晓玲，冯俊.氯碱化工循环经济创新与发展[M].北京：科学出版社，2022.

[14] 水泥窑协同处置固体废物技术规范：GB/T 30760—2024[S].北京：中国标准出版社，2024.

[15] 张志军.工业水处理技术[M].北京：中国石化出版社，2021.

[16] 龙吉生，夏梓洪，杜海亮，等.垃圾焚烧炉燃烧优化及工程应用[M].北京：科学出版社，2022.

[17] 陈曦.典型危险废弃物焚烧过程中无机污染物 HCl 和重金属的生成特性及其控制的机理[M].长春：吉林科学技术出版社，2021.

[18] 李鸣晓，李瑞，喻颖，等.垃圾填埋场地下水污染综合防治[M].北京：化学工业出版社，2021.

[19] 刘玉强，徐亚.危险废物填埋场环境安全防护评价技术[M].北京：化学工业出版社，2020.